紅茶知識大全

The Basics of Tea

樂活文化編輯部◎編

趣味教科書

LOHO Publishing
How to book
Series

CONTENTS

004 深度品味紅茶的10個關鍵字

010 紅茶業界的6大頭條
1 俊太郎，請指導我們紅茶的魅力所在
2 進入「吃」的紅茶世界！
3 濃縮鮮茶到底是什麼呢？
4 調味薰香茶的世界，進化得令人無法想像！
5 北歐的茶具讓紅茶時光更添深度！
6 深具獨創風格的客製化紅茶
7 以全世界為目標，日本琉球紅茶

034 紅茶行家傳授的頂級紅茶

070 國產紅茶尋訪
台灣紅茶起源
茶業改良場魚池分場／東昇茶行／新元昌紅茶文化館

082 紅茶知名品牌大圖鑑

114 紅茶的魅力完全導覽！

116 CHAPTER01｜TEA 磯淵×COFFEE 堀口 從巨頭的對談中一探究竟！
徹底探索「紅茶的樂趣」！

110 CHAPTER02｜瞭解茶葉的個性，活用其特色
第一次的紅茶試飲&鑑定術

126 探討紅茶、綠茶之間的差異
紅茶知識基本入門

129 紅茶的產地—Terroir in Tea

150 COLUMN｜深入前往「午後紅茶」開發部門！
自堅持味道的專家作業中，找尋美味紅茶的真諦

154 CHAPTER03｜由紅茶研究家傳授最新的沖泡法！
醞釀出一杯完美紅茶所需的7大沖煮理論

162 COLUMN｜享用美味紅茶的同時
尋根溯往，回顧紅茶的歷史

165 比想像中簡單！冷泡紅茶的世界

172 放鬆一下，來杯香料茶如何？

184 用一套喜愛的茶具，打造幸福的品茶時光

196 邂逅美好的一杯
台北喫茶精選

深度品味紅茶的 10 個關鍵字

紅茶豐盈的香氣為人帶來幸福感。
若是能更瞭解隱藏其中的故事、選茶葉和沖泡方法，
紅茶的世界將能拓展得更無邊無際。
就從這 10 個關鍵字來循序解開紅茶的秘密吧。

Keyword ▶ What is tea?

01

話說，「紅茶」到底是什麼？

紅茶、日本茶、烏龍茶原料來自同樣的茶樹

紅茶的原料來自「茶樹」，它是一種山茶科的常綠植物，學名為 *Camellia sinensis*。不論是紅茶、日本茶、烏龍茶，都是以同樣的茶樹做為原料。而各種茶特有的芳香、滋味，則是依發酵的程度而定。完全不經發酵的類型，就是日本茶，經過完全發酵而成的就是紅茶了。烏龍茶的發酵程度則居中，讓茶葉只進行一半的發酵過程。來自同樣生長環境的茶葉，在經過發酵之後成為不同的茶，也就是茶的樂趣。

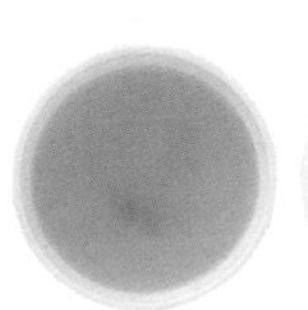

日本茶

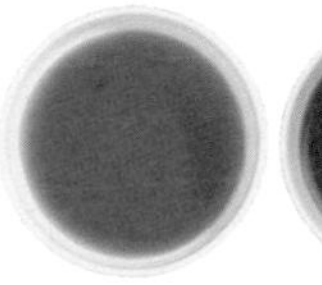

烏龍茶

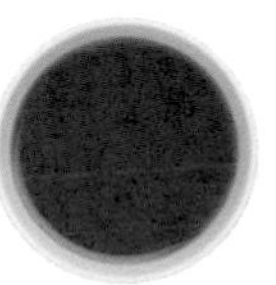

紅茶

Keyword ▶ How to choice

02

邂逅喜愛的紅茶 選擇的訣竅

從每天喝的紅茶到特別時刻所準備的紅茶

想要選出一款喜愛的紅茶時，首先要瞭解產地形成的各種特色。例如茶香四溢、令人沉醉的大吉嶺，或是適合沖煮奶茶的阿薩姆、斯里蘭卡烏瓦紅茶等。接著，要再想想看，自己打算在何時享受紅茶。平常要喝的話，就選滋味柔和的茶葉；若是想在特別的場合端出一杯令人印象深刻的紅茶，不妨多講究收穫時期、出產的莊園，選一款奢侈的茶葉。

Keyword ► Terroir in tea

為了擴展紅茶的世界 多瞭解產地

產地的環境或氣候衍生出紅茶的特性

茶葉是一種不折不扣的農作物，因此會因為高原、平原、山區等產地環境的不同，以及氣候條件、收穫時期等外在影響，形成不同的味道。例如標高較高的大吉嶺地區，白天和早晚的溫差相當劇烈，一天裡還會起霧好幾次。大風吹散冷霧、日光曬乾葉面……獨特氣候中產生出的芬芳，讓大吉嶺茶葉被稱為「紅茶中的香檳」。此外，3～4月間採收的春茶、5～6月間採收的慢春茶、10～11月的秋茶等，採收的時期也會充分地反映在茶葉的特性上。各個產地、收穫時期，然後各家莊園等，全部試喝、比較過，再從中選出喜愛的茶種。

Keyword ► How to make

紅茶的關鍵 該如何沖泡

煮滾開水的方法稍有不同紅茶的滋味也會有所改變

味道、香氣、茶色，這三大要素正是紅茶美味與否的關鍵。而是否能引出這些要素，最重要的就是跳躍運動（Jumping）。也就是指當熱水沖入壺中時，茶葉會順著水的對流在壺中上下跳躍。藉由茶葉完整和熱水混合，才能沖煮出完美的紅茶。熱水中是否含有足夠的氧氣、溫度夠不夠引起對流等，都是跳躍運動的條件。

Keyword ▸ Tasting

05

想要掌握茶葉特性的話 挑戰試飲吧！

第一次接觸到的茶種 要先確實掌握住其特色

如果是第一次到手的茶葉，首先要弄清楚它特有的味道，判斷出它適合直接飲用，或是適合調成奶茶。在本書中，有介紹能夠在家中進行試飲的方式，請務必納入參考。

Keyword ▸ Special ice tea

06

冷泡紅茶 事實上門檻並不高！

用冷水沖調而成 清爽的冷泡紅茶

不用熱水，改用冷水來沖茶葉的就是冷泡紅茶。冷泡能夠降低紅茶特有的澀味，呈現出清爽的口感，加上只要將冷水注入茶壺中就好，簡單方便的沖泡過程使得冷泡紅茶日益受到大眾歡迎。冷泡紅茶適合直接飲用，因此建議選用香氣濃郁並帶有些許澀味的茶葉。再者，水的味道會造成直接性的影響，一定要選擇好喝的水。冷泡紅茶的口感大眾，加入水果或碳酸飲料調成調味茶也不錯。

Keyword ▸ Flavored tea

07

無與倫比的幸福香氣
調味薰香茶的世界

享受花、水果、香料等芬芳無比的滋味

除了享受紅茶本身的茶香，還能品味芬芳的花香、酸酸甜甜的果香等，這就是受人喜愛的調味薰香茶。在紅茶裡加進色香俱全的花或水果，光是外觀就美不勝收。春季撒上櫻花瓣，夏季喝柑橘系的花草茶，秋冬就選適合調奶茶的調味薰香茶或巧克力、香草等濃郁甜香的茶種，充分玩味季節感。就像香水一樣，選個帶有喜歡香味的調味薰香茶，讓它融入每天的生活中。

Keyword ▸ Tableware

08

越用越愛不釋手
找尋喜愛的茶具

任憑自己的感覺去選擇 紅茶生活中不可或缺的夥伴

在品味紅茶的時刻，最不可缺少的就是茶杯及茶壺等用具。沖好一杯美味的紅茶後，當然要用自己愛用、喜歡的茶具來慢慢享受。說到紅茶用的茶具，大多令人聯想到既古典又優雅的形象，但就算是馬克杯或咖啡杯也無妨，重要的是自由地沉浸美好休閒時光。

Keyword ► Arrangement

09

為日常生活中的紅茶 做個華麗改變！

自由加進水果或香料 調味茶的樂趣無窮無盡

多花一道手續，平時喝慣的紅茶也能一下子美味變身，成為個人特調的調味茶。像是擠些葡萄柚汁，和冰紅茶調在一起，就成了滋味酸甜的水果茶，外觀呈現的色澤也份外賞心悅目。柑橘、莓果系等水果，和紅茶特別搭，運用當季水果來調味，口感清新特別。或者來一杯帶有濃烈香料芬芳，甜味過人的印度奶茶，讓自己好好放鬆一下。考量茶葉本身的特性，試著想出能夠引出茶葉優點的配方，製作一杯屬於自己的特調紅茶吧。

Keyword ► Happy tea time

10

每一天的 幸福紅茶時間

只要有一杯紅茶 就能打造沉澱心靈的片刻

選一款喜歡的茶葉，用悠閒的心情沖一杯茶，細細品味，正是讓心情沉澱下來的最佳時光。在家中品飲紅茶也好，偶爾到外面去享受午茶也不錯。在工作稍有段落的時候、散步的途中，特地去喝上一杯與平時不同的紅茶，一定能帶來靈感，讓人想出更多調味的方式或茶點的搭配法。不管是在家、在外面，都要盡情享受幸福的紅茶時間。

紅茶業界的6大頭條

從調味薰香茶、Teapresso 濃縮鮮茶到日本產紅茶……。
紅茶界在近幾年來產生了相當大的變化。
現在為大家整理出當代紅茶的 6 大頭條。

瞭解個中不同，紅茶也將更為有趣！

本質特出的錫蘭混調茶

味道極為單純直接的錫蘭混調紅茶，是最多人喜歡的口味，可說是紅茶中的最大公約數。能從眾多廠商的產品中，找出符合自己生活品味或喜好的調配。

想體驗品牌間的差異不妨試試伯爵茶

經典程度和大吉嶺不相上下的伯爵茶，是少數能夠同時帶給人舒緩效果和提神功效的茶葉。試飲比較後，就能清楚分辨出各品牌不同的特色和想給人的感覺。

展現出調茶師個性的茶葉值得注目！

由熊崎先生特製調配的Les Feuilles Bleues限定商品「SNOOTEA」，是和蘋果派特別相襯，飄散著玫瑰香氣的蘋果茶。多注意「調茶師」，也是選紅茶時的醍醐味之一。

請指導我們紅茶的魅力所在

熊崎俊太郎

從沖泡法到喝的方式，若瞭解當代的趨勢，相信將會更喜歡紅茶！
在此要傳授的正是熊崎流享受紅茶的訣竅！

調茶師
熊崎俊太郎
沉浸於紅茶的幸福滋味中

專業調茶師熊崎俊太郎於紅茶專門店、紅茶進口貿易商任職後，獨立創業，現今專注於自創品牌「Les Feuilles Bleues」的開發、茶館經營等工作，活躍於各個業界。
http://www.feuillesbleues.com/

\ 這就是熊崎流 /

與美味紅茶共處的方式

1 將「萃取」及「倒出」兩步驟確實分開

能把茶葉迅速倒入沸騰熱水中的單手鍋，在萃取時特別方便。使用單手鍋在萃取不完全時，茶葉會浮在水上，萃取完了則會沉入水底，同時它也具有易於確認茶葉狀況的優點。當濃度與香味呈現理想狀態時，不直接倒入茶杯中，邊用茶篩濾除茶葉同時移入茶壺中，這才是熊崎流的做法。等到用慣單手鍋的份量調配之後，用茶壺萃取「黃金比例」紅茶的技巧也會提升許多。

2 必須盡可能以高溫進行萃取

紅茶好不好喝，決定於開始萃取的這2分鐘之間，到滾水下降至80℃的時間內。也就是說，一開始熱水的溫度就不高的話，很快就會降到80℃，使紅茶無法充分發揮出原本該有的風味。因此，重點就在於要使用盡量接近100℃的沸水，這麼一來就幾乎不會失敗了。

▼▼ 來聊聊關於紅茶的事情吧！

在混合茶葉、萃取茶湯，以及品味紅茶的時候，熊崎先生的表情總是洋溢著幸福。熊崎先生和紅茶淵源已久，可以一路追溯到他的小學時期，在此特別詢問他進入紅茶世界的契機。

「一開始，單純只是紅茶的味道沁透到我的心底。從國中開始，我就在茶店開始喝紅茶，因此也注意到許多專攻紅茶的店家特別舒適。大學時還企劃經營到各地舉辦品茶會，也自此發現紅茶能使人感到喜悅的特性。就這樣漸漸地踏上紅茶之路。」

紅茶能夠療癒人心，並使人心緊緊相繫。和咖啡相較之下，份外有趣。

「這是我個人的意見，全神貫注沖煮而成的咖啡，適合靜靜地品味，相對於這樣的印象，調合成符合每個人喜好的紅茶，則讓人能一邊享受，一邊和諧地暢談，給人沙龍般的氣氛。」

再者，品嚐紅茶時，除了手上的杯中世界外，紅茶的背景還會擴展到「杯子的外側」。

「除了紅茶本身之外，杯子的種類、和紅茶搭配的點心或料理，甚至餐桌布置，瞭解更多，紅茶的世界就更顯出其魅力所在。」

包括自己在內，人們為了使人感到幸福而沖煮出的一杯紅茶，必定會洋溢著溫馨的暖暖濃情。現在，就讓我們請教熊崎先生沖煮熊崎流紅茶的訣竅。

「可以將萃取視為最重要的部份。也就是要如何將潛藏在茶葉中的精華轉移到杯子裡。接著，一邊準備時，一邊推敲『5分鐘後』的情況也很重要。天氣或時段、喝茶的是什麼樣的人、用什麼點心或料理來搭配紅茶等，時時考量這些，才能為眼前的人端出一杯最適合他的紅茶。」

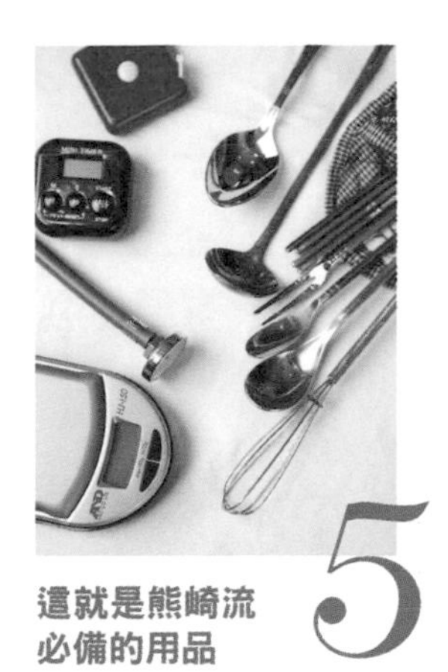

5 這就是熊崎流必備的用品

熊崎先生有一些隨身不離的紅茶用品。右起順時針分別為茶匙組，混調茶葉時是以0.1g為單位來測量。溫度計、掌控萃取時間的計時器，測量杯子大小的計量器等。

4 重視香味傳出前的份量掌握

在萃取上，熊崎先生自20年前起就開始注意三角茶包。這種茶包不容易出現雜味，茶葉能簡單展開來，是能順利進行優質萃取的好東西。最後將茶包拎在茶壺上稍等一下，將美味精華凝聚而成的「黃金的一滴」盡納入壺中。

3 視場合選用茶具

這些是熊崎先生平日愛用的茶具。自右邊順時針起，是想要正式品茶時用的純白NIKKO茶杯。喝印度奶茶時用的印度奶茶杯，是朋友自中國雲南帶回來的禮物。當身體狀況不太好的時候，使用義大利Richard Ginori出品的Demi - tasse。搭配點心一起用茶時，常用瑋緻活（Wedgwood）的茶杯。

在未來，值得注目的紅茶種類為何？

趁此機會，讓我們來請教熊崎先生紅茶近幾年來的趨勢變化以及未來的發展走向。

「就近年來的大趨勢而言，茶之間的藩籬已經逐漸崩壞，紅茶回歸原點的走向是一大重點。」

確實，以往像綠茶、中國茶、紅茶等，不同的茶之間壁壘分明，而現在市面上卻能看到許多混調的茶品，並且廣受歡迎。同時間，探尋紅茶最根本原始味道的Teapresso濃縮鮮茶或有機紅茶，也相當受到矚目。

依照日本人的喜好、水質生產出來的日本紅茶，在日本的紅茶愛好者之間，也引成極大的話題性。「日本產的紅茶雖然還未廣受大眾熟悉，可是總算也是樹立起一個新的茶種。就我個人來說，我特別注目的是靜岡縣小栗農園的產品。」

閉上雙眼，感受紅茶的香氣與味道。熊崎先生說：「沒有正確的沖泡方式，只要適合當下氣氛便可。」

熊崎先生精選的紅茶這裡就能喝到！

第一HOTEL東京LOBBY

「LOBBY LOUNGE」推出配合各個季節設計的獨特甜點，再由熊崎先生精選出相配的紅茶，提供別出心裁的下午茶套餐。

DATA
第一HOTEL東京LOBBY LOUNGE
東京都港區新橋1-2-6第一HOTEL東京1F
☎ 03-3501-4411
營業時間／09：00～22：00公休／無

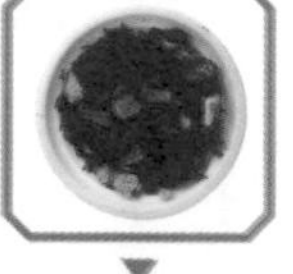

燒烤鵝肝醬
× T961
Alexandra
David - Neel

以添加了水果香味和香料的紅茶做為醬汁，調理出極為清新爽口的味道。把紅茶當作紅酒來使用，正是Mariage Frères流的做法。

不只有用喝的

進入「吃」的紅茶世界！

諸位是否仍抱持紅茶只能用喝的觀念呢？
其實紅茶還能加入料理或蛋糕中，以「吃」的方式來享受呢。
讓我們一起見識「能吃的紅茶」的世界！

Mariage Frères銀座總店

DATA

Mariage Frères銀座總店
東京都中央區銀座5-6-6　☎ 03-3572-1854
營業時間／1F（販售櫃台）11：00～20：00.
2、3F（沙龍）11:30～20:00（L.O.19:30）
公休／無 http://www.mariagefreres.com

甜點也好、料理也好主角都是紅茶！

說到品嚐紅茶的方式，理所當然地都會想到是用「喝」的吧。不過，各位知不知道呢？其實紅茶還有另一種享受的方式——「吃」。

位於東京銀座的法國紅茶專賣店Mariage Frères總店，常備來自世界35國、500種以上的茶葉，同時無論是茶具或喝茶時搭配的甜點，和茶相關的物品全部都能在此買到。總店一樓是進行展售的店面，二、三樓則是紅茶沙龍。

沒錯，能夠「吃」到紅茶的地方，就是這裡的紅茶沙龍。每天擺放在蛋糕櫃中的16～20種蛋糕，幾乎全都有用到茶葉。例如南瓜塔，在把胡桃熬製成焦糖醬時，混入了「馬可波羅」（Marco Polo）紅茶，或是草莓開心果慕斯塔裡，混入了紅茶茶凍等。紅茶在糕點中有時出現在主要食材內，有時擔任提味的角色，有時又在無從發覺的地方，悄然送來一股茶香。

不僅限於甜點，料理之中也有許多使用到紅茶的機會。譬如乾燒明蝦，就能在醬汁中加入紅茶來提味，同時也可以做為特殊的香料。

Mariage Frères展售的茶葉高達500種，廚師每天巧妙地使用這些紅茶來製作料理以及糕點，其中令人驚訝的是，一天之中廚師們所使用的茶葉種類都不會重複，在長年累積的經驗下，主廚巧妙地錯開挑選的茶葉和運用的技巧，製作出「只屬於那一天」的味道。Mariage Frères的公關如此表示：「我們是法式紅茶的專業店家，自然是以紅茶為主，並且提供享受紅茶的空間和多種搭配的美味料理。」正是如此，無論是做為主角或只是提味，運用紅茶特色做出甜點或料裡，這都是「一種呈現出紅茶美味的方式」，值得令人細細品味。

Check!

新喀里多尼亞乾燒天使明蝦

× T9403 黃金山脈茶

使用在醬汁裡的黃金山脈茶，是帶有南國水果豐美香味的紅茶。能夠在海鮮凝聚起來的鮮美中，添加甜香氣味，成就絕妙的提味效果。

隱藏其中的風味
全都是紅茶！

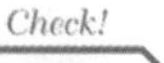

聖誕柴薪蛋糕

× T921 聖誕茶（Esprit De Noel）

聖誕柴薪蛋糕是在法國廣為大眾熟悉的聖誕應景蛋糕。聖誕茶能夠在蛋糕中增加香草、香料、柑橘的豐盈甜美香氣。

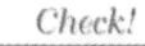

車輪泡芙

× T6200 Rouge D'automne

從打發的鮮奶油中露出來的是糖漬栗子，混合了Rouge D'automne的栗子香之後，甜美香氣更加動人。

焦糖蘋果塔

× T7000 法式早餐紅茶（French Breakfast Tea）

法式早餐紅茶能夠將蘋果的甜味和酸味調合得恰到好處，不妨加上許多美味的奶油盡情享用。

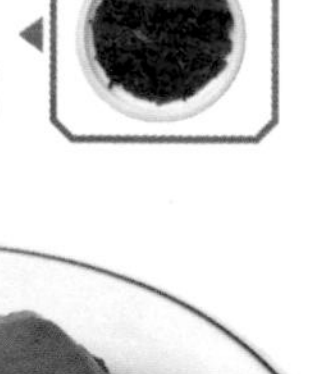

水果塔

× T904 波麗露舞曲茶（Bolero）

在奶油的部份，使用了地中海的花和水果調成的波麗露舞曲茶。水果塔上的水果有濃厚的紅茶香味，口味份外濃郁。

紅茶風味芭芭露

× T911 EROS

芭芭露中使用了EROS紅茶的萃取精華。只要吃一口，奶油的甜味和EROS花般的香氣就會在口裡散開，藝術品般的剖面也很值得欣賞。

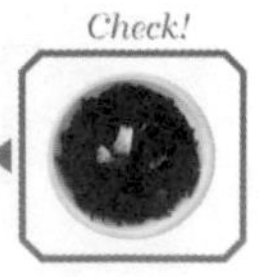

Check!

洋梨焦糖慕斯
× T8201 金德訥格爾紅茶（Chandannagar）

用混調的金德訥格爾紅茶來為上層的奶油增添風味。香料的香氣和洋梨能夠讓人享受到意外的特別滋味。

Check!

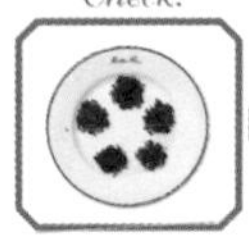

奶油蛋黃糕／可麗露
瑪德蓮蛋糕／馬卡龍（粉紅．綠）
× T129 大吉嶺．普林斯頓（Darjeeling Princeton）
T7255 誕生茶（Birthday Tea）
T8002 皇家伯爵茶（Royal Earl Grey）
T922 東方美人茶／T942 宴會茶（THÉ DE FÊTE）

各類烘焙糕點中也用了紅茶，為各種糕點的增添芬芳或甜味、豐盛的香氣等，有效地擔任畫龍點睛的襯托效果。

Check!

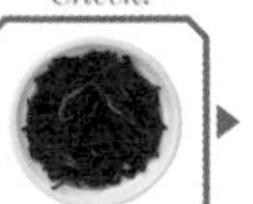

堅果焦糖巧克力慕斯
× T950 皇家婚禮紅茶（Widding Imperial）

香蕉經烘烤過後的鬆脆口感，帶給人特殊樂趣的精緻糕點。慕斯中使用的皇家婚禮紅茶，是一種帶有焦糖和可可香味的紅茶。

吉布斯特蛋糕
× T8005 法式藍伯爵紅茶（French Blie Earl Grey）

使用了能夠增添柔和柑橘系水果香的法式藍伯爵紅茶。讓人充分享受和諧的酸味、甜美、焦糖的苦味。

Check!

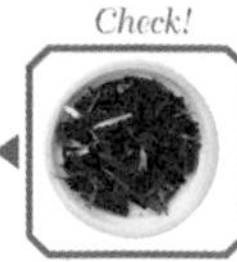

草莓開心果慕斯派
× T914 紅莓果紅茶

第三層的黑色部份，就是摻入莓果類的紅莓果紅茶凍。同時也有連結第一、二層的慕斯和第四層派皮的效果。

Check!

南瓜派
× T918 馬可波羅紅茶

顏色鮮艷可愛的南瓜派。在製作夾在奶油間的焦糖核桃時，使用了萃取的馬可波羅紅茶。

Check!

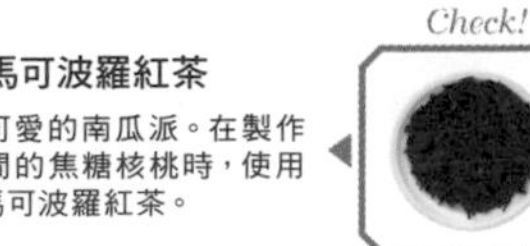

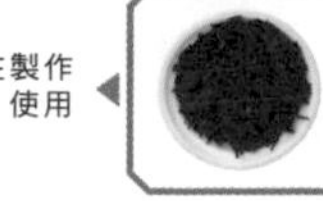

端出紅茶拿鐵的正是開發出Teapresso濃縮鮮茶的香織小姐。歷經在「Sotheby's」公司擔任飲品開發的工作後，巡遊世界各處的紅茶產地，開拓出獨創的路線。2007年在橫濱元町開設了能夠喝到Teapresso濃縮鮮茶的「kaoris」。

來問問Teapresso的開發者——

Trend 3

濃縮鮮茶 到底是什麼呢？

Teapresso 濃縮鮮茶是近來相當具話題性的新式飲料。
它來自紅茶盛產地英國嗎？還是星巴克的故鄉美國呢？
其實 Teapresso 濃縮鮮茶是由日本所開發出的原創飲品，
它是一種進化得非常親民的新型態紅茶。

Teapresso是什麼呢？

簡單來說，就是用切細的茶葉萃取出來的濃縮茶飲。
大多會搭配牛奶等佐料調配成調味茶，也能夠調製一般紅茶做不到的摩卡或拿鐵！

在「kaoris」可以品飲到40種紅茶。還可以搭配用小麥製作的焦麥司康等和紅茶相襯的點心。喜歡的茶葉也能購買外帶。

濃郁的Teapresso濃縮鮮茶可以隨心所欲地調味！

Teapresso濃縮鮮茶的開發者，正是這位曾在「Afternoon Tea」和「星巴克」擔任飲品開發，並具有絕佳企劃能力的香織小姐。濃縮鮮茶的製作方法，是使用和義式濃縮咖啡機相同的機器高壓沖煮。只是，沖製紅茶時，必須再經一道熱蒸步驟，使茶葉得以完全開展。因此，香織小姐獨力開發了具備熱蒸氣功能的Teapresso濃縮鮮茶專用機，透過蒸氣來加壓，就能夠萃取出帶有濃郁香味、清爽澀味、茶湯質地濃厚的濃縮鮮茶。

現今台灣的各大廠牌飲料商和糕點廠商，也都開始著眼於濃縮鮮茶的魅力，進行各類相關商品的研究企劃與開發。Teapresso濃縮鮮茶展現了無限寬廣的可能性，未來將會如何發展，讓人拭目以待！

紅茶拿鐵就是這樣做出來的

用這台機器沖製

獨力開發的Teapresso濃縮鮮茶機。藉由蒸氣加壓，將紅茶中原有的美味萃取成濃稠的濃縮鮮茶。

1

自岩手縣牧場取得紅茶拿鐵用的牛奶，也是用同一台機器製作奶泡。

2

使用方式和濃縮咖啡機一樣，將一杯份量的茶葉填入手把中，再組裝至高壓蒸氣出口上。

3

由於施加了高度壓力，茶湯表面會有像濃縮咖啡般的細膩泡沫。

加壓同時，蒸氣系統也會開始運作，接著濃稠的茶湯徐徐流入杯中。

4

將萃取而成的濃縮鮮茶移至杯中，一杯紅茶拿鐵大約會使用到45ml。

榛果豆奶拿鐵

香味四溢的榛果糖漿和豆漿調和後，成了最適合冬季的飲品。

柑橘茶

奶茶和香檸茶的調合茶品。搭配度好得令人驚訝，甚至飄散著一股檸檬派的味道。

加爾各答印度奶茶

運用了薑和小豆蔻做為香料的北方奶茶。喝起來風味別具，能讓身體暖和。

南洋奶茶

以椰奶為底，口感圓潤的南洋奶茶。呈現清淡爽口的低調美味。

水果茶蘇打

將濃縮鮮茶調製成蘇打，再添上許多水果，充分展現紅茶的爽口。

最上方裝飾一些碎橙皮

巧克力香橙

喝起來像是巧克力加柳橙，如小甜點般的特調茶品。柳橙的香味撲鼻而來，入口後的餘味清爽可口。

紅茶拿鐵

能夠享受到紅茶與奶泡的基本茶品。大份量保證讓人滿足。

紅茶摩卡

使用巧克力調合，豐盈華麗的口味非常受歡迎。其中還隱藏了榛果的香甜。

5

最後注入牛奶就完成了。外表看起來很像咖啡拿鐵，但香氣和味道確實都是紅茶沒錯！

kaoris

不斷研發出許多新穎紅茶茶品的香織小姐所開的咖啡廳。不只是紅茶拿鐵，香織小姐設計的絕妙輕食菜色也極受歡迎。店內的紅茶種類豐富，可以依當天的心情選擇，委由店家特製。

DATA

kaoris
神奈川縣橫濱市中區元町3-141-8-2F
☎045-306-9576
營業時間／11：00～20：00 公休／無
http://www.kaoris.com

Trend 4

添加了香味，紅茶就會產生變化！

調味薰香茶的世界進化得令人無法想像！

芬芳的花香或甜甜的水果味等，
特色豐富的調味薰香茶，最大的特徵就在於令人享受其中的香味。
讓我們來問問經手各地茶葉的 LUPICIA，
調味薰香茶的發展史和品味方法。

讓人悠然享受香味的調味薰香茶

人類的味覺在分辨酸、甜、苦、辣、鹹之外，還能感受到和嗅覺相輔而成的「風味」，調味薰香茶正是一種讓人能充分享受到「風味」的飲品。

舉一般紅茶中的代表性茶品——伯爵茶來說，它是因為受到英國前首相香爾斯．格雷喜愛而得名，其實這是將中國的祁門紅茶，加入香檸檬的香味調成。想要像這樣活用茶葉原有的味道，

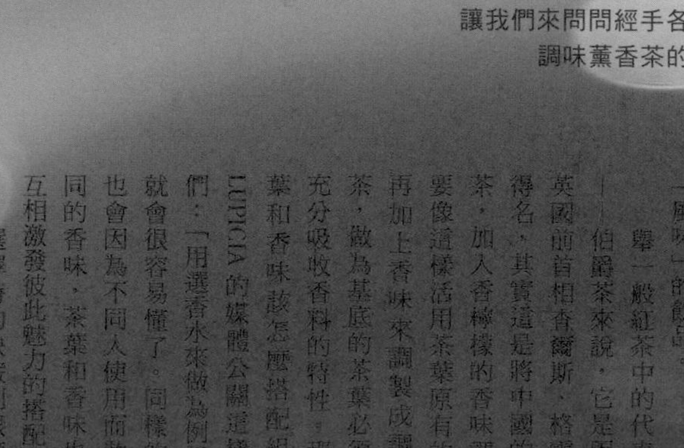

再加上香味來調製成調味薰香茶，做為基底的茶葉必須有能夠充分吸收香料的特性。那麼，茶葉和香味該怎麼搭配組合呢？LUPICIA 的媒體公關這樣告訴我們：「用選香水來做為例子的話，就會很容易懂了。同樣的香水，也會因為不同人使用而散發出不同的香味，茶葉和香味也有能夠互相激發彼此魅力的搭配度。」

選擇時的訣竅則很簡單，選

喜歡的味道就對了。調味薰香茶原本就是以享受香味為前提，所以沒有硬性的規則。

想要依季節變化選擇調味薰香茶的話，春天的櫻花、夏天柑橘系，稍顯寒涼的秋冬則可以選適合調成奶茶的香料、巧克力或香草等又甜又香的類型，充分融入季節氣氛。一般的調味薰香茶，在不開封的情況下可以存放約兩年，很適合做為季節性的禮物或特定目的之贈禮。保存的方法是將茶葉置入遮光性高的密封瓶中，在常溫下保存。要沖煮得好喝，最適合的水溫是滾水。

茶具用陶器製品的話，還能有凝聚香氣的作用。磁器、耐熱玻璃都不錯。附有濾網的馬克杯用起來也很方便。視季節或當時的氣氛，選擇喜歡的茶葉吧。

超越紅茶的調味薰香茶10選

1

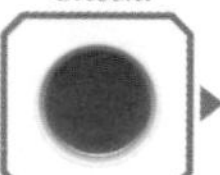

調製冬季經典的印度奶茶

印度香料茶

使用丁香、肉桂、小豆蔻等混合香料，在辛香之餘醞釀出清爽的香氣。和牛奶也相當搭配。沖泡時間約2.5～3分／50g裝500日幣。

2

最撩撥人感性的水潤感

櫻桃

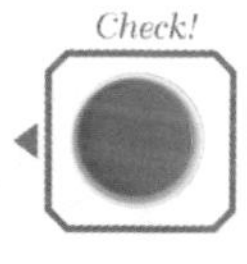

甜甜酸酸的香味，令人心中產生微妙的感覺，以新鮮鮮紅的櫻桃果實和淡綠色的櫻桃梗為意象所製成的可愛紅茶。沖泡時間約2.5～3分／50g裝NT$180元。

3

肚子稍餓的點心時間

餅乾

以剛出爐的餅乾為意象，加入了杏仁做為點綴，氣息雖然香甜，味道卻不失清爽，與牛奶一同飲用，其自然的甘美風味更為顯現。沖泡時間約2～2.5分／50g裝NT$200元。

4

就寢前小酌萊姆酒

蘭姆葡萄

甘甜有個性的蘭姆香，與葡萄乾的甜美完美搭配。適合直接飲用或加入牛奶調味，甚至再調入一些萊姆酒都很好喝。沖泡時間約2.5～3分／50g裝NT$190元。

昏昏欲睡的清晨或深夜

達摩

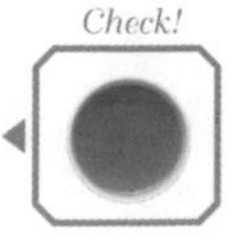

以達摩以茶退卻睏意、激勵修行意志的傳說為由，將印度紅茶調配水果而成。帶有芒果的香氣，與象徵達摩的粉椒做點綴。沖泡時間約2.5～3分／50g裝NT$200元。

5

7

調味薰香茶的經典名飲

伯爵茶

以祁門紅茶為主的傳統伯爵茶，充滿佛手柑香味。可直接飲用或調製成奶茶飲用。係一讓人愛不釋手的絕佳紅茶。沖泡時間約2.5~-3分／50g裝NT$150元。

最適合盛大場合或慶祝宴會的茶品

香檳玫瑰

酸甜的草莓，加上喜慶宴會時不可或缺的香檳香氣。粉紅色及銀色的銀糖粒就像是酒杯中的氣泡，是款討喜可愛的茶品。沖泡時間約2.5～3分／50g裝NT$220元。

8

寧靜的夜裡和燭光共飲

耶誕歌

草莓與香草容易使人聯想起聖誕節蛋糕，茶中的玫瑰花更能呈現出華麗美感，味道濃厚的歐風口味與牛奶非常搭調。沖泡時間約2.5～3分／50g裝NT$200元。

9

彷彿出自巧克力人師之手的味道

香橙巧克力

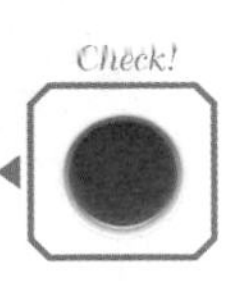

柳橙清爽的香味和酸味，配上稍苦的巧克力香氣是最棒的絕配。藉由小豆蔻種子，調配出濃郁中仍保有清涼口感的紅茶。沖泡時間約2.5～3分／50g裝600日幣。

明明是紅茶卻用了咖啡

焦糖瑪奇朵

加入咖啡豆及褐色焦糖一起調香，風格時髦又帶著輕鬆，融合出來的香氣令人無法按耐。與牛奶的搭配更是不在話下。沖泡時間約2～2.5分／50g裝NT$190元。

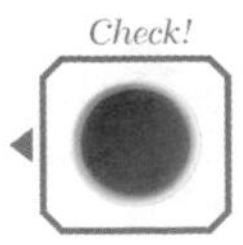

指導老師
「北歐生活用品店」
佐藤友子

告訴你紅茶和茶具間的美味關係

Trend 5

北歐的茶具讓紅茶時光更添深度！

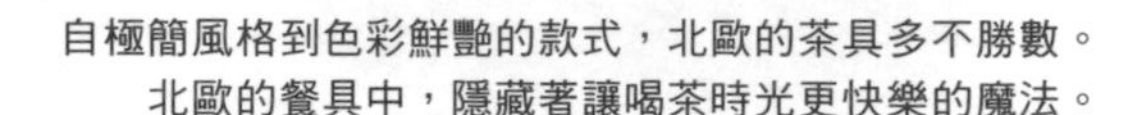

自極簡風格到色彩鮮艷的款式，北歐的茶具多不勝數。
北歐的餐具中，隱藏著讓喝茶時光更快樂的魔法。

MARIMEKKO

自1951年創立以來，受到世界各國不分男女老少喜愛的芬蘭品牌。「MARIMEKKO的餐具路線一向具有獨特的可愛氣息。請各位像是在餐桌放上餐巾般，巧妙地運用餐具吧。」

Siirtlapuutarha Mug

馬克杯 250ml
（白×黑）

仔細看的話，會發現每個圓點都不一樣大，充滿獨特的氣質。現代風的設計也推薦給男性使用。φ80×H95mm／NT$780元。

ARABIA

創立於1873年的芬蘭陶器廠商，長年不斷發表各式兼具設計性、藝術性之餘，還能發揮出實用性的陶器。「雖然貴了點，但只要擺上一個，其無法忽視的存在感就能讓餐桌華麗起來！」

PARATIISI
茶杯＆杯盤

杯盤組上畫滿了水果的圖案。成熟內斂的美感，最適合用在招待客人的宴席上。茶杯ф88×H67mm．杯盤ф165mm／8,925日幣。

Runo
Runo／Summer Ray／茶杯＆杯盤

杯盤的內面也繪上了同樣的圖案，拿起杯子時別具樂趣。茶杯ф85×H65mm．杯盤ф165mm／8,925日幣。

Runo
Runo／Spring Drop
茶杯＆杯盤

Runo在芬蘭語中的意思是「詩」。系列中有象徵各個季節的圖案，這組代表的是春天。茶杯ф85×H65mm．杯盤ф165mm／8,925日幣。

Teema
茶杯＆杯盤／橄欖綠

杯和盤能夠分別使用的高設計性商品。簡單的設計，讓這組杯盤組成為永遠的經典款。茶杯ф82×H60mm．杯盤ф143mm／3,465日幣。

ALMEDAHLS

瑞典最具傳統的紡織廠商。「陶器方面，ALMEDAHLS僅負責設計，製作上則委由Rorstrand負責。在可愛中透露出高級感的設計，是它最顯著的魅力所在。」

Origo
馬克杯
250ml／橘色

拿鐵用的馬克杯特別適合用來沖奶茶或印度奶茶。北歐獨特的花色，令人看了精神百倍。圓潤的手感也深具魅力。ф80×H90mm／3,150日幣。

Teema
馬克杯 400ml／深藍

較低的杯緣具有很不錯的穩定感。深藍色的設計特別能襯托出奶茶的顏色。ф100×H75mm／2,940日幣。

IITTALA

創業於1881年的芬蘭餐桌用具品牌。「說到北歐餐具，IITTALA是不可忽視的經典。北歐風格濃厚的耐看設計，讓人擁有了一個就會愛不釋手地珍惜下去。」

Herb
馬克杯

Herb系列所設計出的可愛馬克杯。充滿光澤的外觀質感和溫暖手感間感到絕妙平衡。ф85×H95mm／2,945日幣。

擁有一個北歐餐具就能讓紅茶的樂趣擴展開來

問到紅茶用的茶杯時，或許很多人都會馬上聯想到既古典又高貴的印象。這也是一個選擇，但精心籌備的喝茶時間，不要被既有概念侷限住，盡情去追求自己喜歡的茶具，也是樂趣之一。

在挑選喜愛的茶具時，推薦各位北歐的餐具。從別緻低調的器具，到色彩繽紛的現代設計，含括了各形各色的款式，讓紅茶時光的樂趣延伸得更深更廣。本書中也特別訪問了「北歐生活用品店」的老闆佐藤友子，請她為讀者們講解關於北歐餐具的魅力所在。

「北歐餐具的優點在於設計性與機能性天衣無縫的配合。再者，雖然來自歐洲，但和亞洲的餐具搭配起來毫無衝突。就算在擺滿了東方樣式餐具的櫃子裡混進北歐的餐具，也不會有半點怪異感，而能自然地融合在一起。」

Rorstrand

1726年創業的瑞典瓷器廠商。諾貝爾獎頒獎典禮後的晚會上，正是使用Rorstrand出品的餐具。「多數都是以植物為主題，充滿女性氣質的優雅設計，特別適合用來品飲紅茶。」

MON AMIE
馬克杯

這種尺寸最適合用來大口暢飲冰紅茶。MON AMIE的意思是朋友、戀人，可以將其用在與親密對象共度的時光中。茶杯ϕ80×H120mm／3,150日幣。

Swedish Grace
茶杯&杯盤
天藍

杯口逐漸往上擴展的外型，既獨特又美麗。淺淡的色調正適合用來襯托奶茶。茶杯ϕ105×H60mm・杯盤ϕ155mm／5,250日幣。

Sundborn
茶杯&杯盤

像是杯身上盛開了花朵般的外型極為出色。杯緣和手柄上的深藍配色更顯高雅。茶杯ϕ100×H55mm・杯盤ϕ160mm／6,825日幣。

Pergola
茶杯&杯盤

較平的杯盤放在餐桌上顯得分外惹眼。白底的配色也讓紅茶的顏色更加美麗。茶杯ϕ90×H60mm・杯盤ϕ150mm／3,675日幣。

SAGAFORM

1994年創立的瑞典品牌。產品以瑞典的傳統風格為主，出自人氣設計師之手。佐藤小姐表示：「產品大多都走平價路線，不妨使用在日常生活中。」

Retro
馬克杯 兩個組

充滿復古氣息的拿鐵馬克杯。價格相當平易近人，可以活躍於每天的餐桌上。茶杯ϕ85×H110mm／2,625日幣（兩個組）。

Kurbits
茶杯&杯盤

杯、盤兩者都是少見的大尺寸，但一樣能用得順手，顯示出設計上的用心。茶杯ϕ90×H80mm・杯盤ϕ165mm／4,200日幣。

話說回來，考量到和紅茶間的搭配度時，該選什麼樣的茶具才對呢。佐藤小姐說明：「瑞典陶器品牌Rorstrand具有悠久的歷史，旗下有許多各形各色的杯盤組，特別推薦給想用正統形式享受紅茶的人。」Rorstrand的產品大多採取簡單又可愛的設計，用起來輕巧順手，機能性一點也不輸給外觀。

不過，佐藤小姐也特別建議大家，不要太拘泥於「正統」，用賞玩的心情去看待茶具也是不錯的選擇。

「用沒有杯柄的馬克杯來喝茶、用咖啡杯盤組來享受紅茶等，不妨試著將器具用在各種用途上。北歐餐具的優點，就在於只要擺上一個，就能讓家裡的餐桌變得充滿活力。多收藏幾個，招待客人時可以用較高價的『ARABIA』，而平時可以選價格平易近人的『ALMEDAHLS』或『SAGAFORM』等茶具來做為日常使用，將茶具劃分出不同的用

Pear

馬克杯／洋梨（黃）

以60年代北歐風格為設計概念的復古風洋梨圖案馬克杯，尺寸用起來輕便順手。茶杯φ70×H80mm／2,940日幣。

koloni STOCKHOLM

創立於瑞典的品牌。以「如老婆婆坐在渡假別墅的廚房時的心情」為主題，推出一系列色彩活潑又帶有懷舊氣息的產品。「既像餐具又像生活雜貨的感覺特別令人喜愛。」

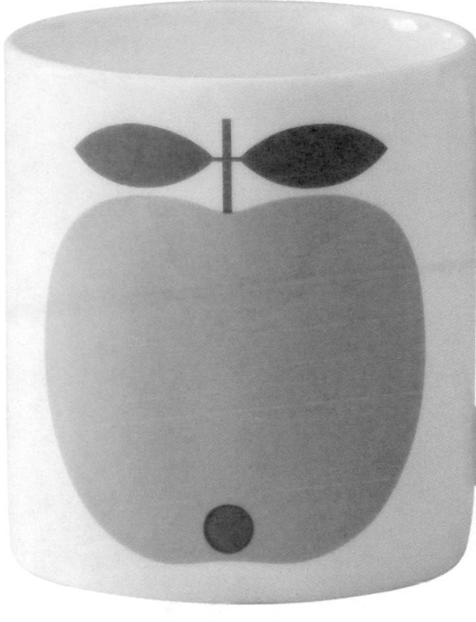

Apple

馬克杯／蘋果（綠）

用這個杯子喝蘋果茶的話，相信會更有意思吧。也可以體驗搭配不同杯墊的樂趣。茶杯φ70×H80mm／2,940日幣。

vintage

進階之後，試著收集古董杯盤組也不錯。「收集古董杯盤組完全看運氣和時機。不過，這種杯盤大多尺寸很小，別忘了確認尺寸。」

ANNIKA

茶杯&杯盤

1972～1983年代的製品。溫暖的色調能輕鬆搭配。茶杯φ85×H55mm・杯盤φ140mm／[illegible]0,990日幣。

ARABIA

Faenza

茶杯&杯盤／藍色

1973～1979年間的製品。杯面上的小碎花圖案相當可愛。茶杯φ90×H65mm・杯盤φ170mm／8,000日幣。

途也不錯。」

來吧，讓我們試著去找尋屬於自己的北歐茶具，為美好的紅茶時光添增樂趣，讓每天變得更加快樂！

北歐生活用品店

DATA
東京都國立市北1-12-2
☎042-577-0486
營業時間／13：00～18：00、第2、4個星期六11：00～
http://hokuohkurashi.com

紅茶已經進入個性化的時代

Trend 6

深具獨特風格客製化紅茶

挑紅茶時也想和買洋裝、西裝或髮型一樣，
依自己的喜好選擇的人，可以嘗試客製化的紅茶產品。
讓我們前往紅茶專賣店為各位介紹客製化紅茶的製作流程！

紅茶專賣店 Chef-d'oeuvre
DATA
http://www.chrf-doeuvre.info

用品質最好的素材 打造個人配方

紅茶不只是茶葉，它有各形各色的種類，透過混調和薰香加味的話，變化可說無窮無盡。由於選擇眾多，相信很多人都有符合自己喜好的品味方式，自由地沉浸在美好的紅茶時光中。能夠視情況改變喝的種類和方式，一切都依心情來選擇的特點，可說是紅茶才有的魅力。

既然如此，何不試著打造一杯只屬於自己的特別紅茶呢？紅茶專賣店 Chef-d'oeuvre 就是能夠提供客人依喜好調配客製化紅茶的店家。從香氣、甜味、澀味、苦味的平衡，到萃取時的茶湯顏色、外包裝等，全部都能客製化，為客人打造世界上獨一無二的原創紅茶。讓我們來詢問紅茶顧問工藤將人，客製化紅茶的迷人之處吧。

工藤先生表示：「紅茶是一種相當隨個人喜好的東西，10個

「個性派」紅茶就是這樣調出來的！

① 先決定主題

像是「想做成婚禮上的小禮物，分發給參加者」等，先把使用目的、概念、預算講清楚，確立出調配的方向。成品的價格依使用的茶葉和材料的種類、數量、包裝、設計等有所不同，可深入商量。

② 挑選茶葉

以喜歡的味道、香氣和顏色為基準，挑出最適合的茶葉。用約10種茶葉來做基底，依照顧客的意願來增減。即使不懂紅茶，也可以把想法直接告訴店家，店家就能做出應對。

③ 挑選香味

添加花或水果香來調配口味，如水果香、花草系、甜點、香料等，種類繁多。甚至有白蘭地或日本酒等利口酒的香料，一定能從中找出自己理想中的類型。

④ 挑選花草或香料

想要添加色彩或對比，調配出更具個性的紅茶時，就加入一些花草。如花瓣、水果乾或果皮等，選擇豐富多變。如果要用在婚禮上，加些玫瑰花瓣就能表現出華麗感。

⑤ 混調茶葉

將決定好的素材製作成樣品，由顧客試飲後進行反覆微調，等到符合其理想時，才由專門的機器正式混調。店家會不厭其煩地請顧客試飲，因此必定能調出令人滿意的紅茶。

⑥ 決定包裝

從鋁箔包裝到罐、盒裝，各式包裝一字排開。此外，包裝紙或卡片等配件也很豐富。下訂後約2～3週（視原料及內容，有時需等一個月以上）就能送至顧客手上。

入圍日本包裝設計大獎！

Chef-d'oeuvre的紅茶罐，曾入選日本包裝設計大獎。優秀的設計團隊能夠完全打造出顧客想要的包裝。

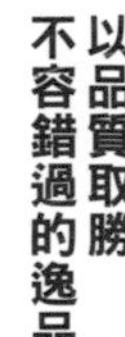

以品質取勝 不容錯過的逸品

靜岡本山產 手揉紅茶「極致」

在日本知名的茶葉產地靜岡手工摘採的新葉，經過大師森內吉男手揉過程的紅茶。30g罐裝4,410日幣。

Primavera

柑橘系的清爽香氣搭配薔薇的甜美芬芳所交織而成的絕妙協奏曲，最適合用來度過優雅的時光。30g罐裝2,100日幣。

伯爵・Majestic

以日本產的精選伯爵茶茶葉，加上紫羅蘭花瓣和義大利產的幼香檸檬芳香混調而成的紅茶。40g罐裝2,310日幣。

特調大吉嶺

MARGARET'S HOPE莊園限定生產的逸品。茶湯呈現漂亮的金色，香氣豐盈醇厚，味道高級細膩，令人感動。20g罐裝3,000日幣。

人就會喜歡10種不同的味道。也因此，我認為客製化的紅茶，是用來表現自我特色的最佳單品。」

除了自己享用之外，也有很多人將它做為婚禮、家庭宴會、紀念日用的禮物。此外，對喜愛紅茶的人來說，由紅茶愛好家、文人雅士、頂級主廚或點心師傅等最識貨的行家所推崇的原料，調配出來符合個人主題的配方，絕對是奢華至極的享受。

工藤先生說：「Chef-d'oeuvre可選擇的茶葉自稀有的珍品到一般市面上都買得到的都有，口味也在100種以上，基本上來說已足以應對任何要求。」

當然，即使沒有任何紅茶相關的知識，也會由專業的調茶師來協助解說，挑選茶葉時完全不需要擔心。要不要藉由客製化紅茶的服務，找出心目中最理想的紅茶呢？

沖繩出品！值得期待的日本自創品牌

以全世界為目標 日本琉球紅茶

Column

沖繩出產的紅茶，味道既醇厚又豐盈。
經過細心揉茶過程的茶葉，在壺中會輕柔地散開，恢復成原來的模樣。
禁得起二泡、三泡的正統紅茶，就調製成奶茶悉心品味吧。

這就是足以向世界誇耀的紅茶

沖繩縣生產的茶葉，取名為「琉球紅茶～月夜的KAHORI～」。名字的由來是因為這種茶葉，是在太陽逐漸下沉、月亮緩緩上升至天空時進行手工摘採。二葉一芯的芯芽表面布有金色的細絨毛，這是高級紅茶GOLDEN CHIP的證據。一罐30g／3,675日幣。

沖繩茶廠

除了製造、販售原創品牌的「琉球紅茶」之外，還為許多委託商混調茶葉。自企劃至代工，都能提供完整的服務，是紅茶的綜合製造企業廠商。

DATA
沖繩茶廠
☎098-965-4767 http://www.okitea.com

美味的五個原因

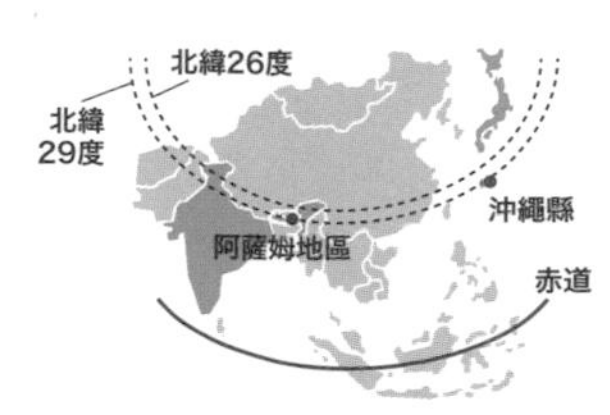

1 北緯26度的秘密

因為茶葉成長需要強烈的紫外線，知名的紅茶產地多在北緯30度以南，串連起一條「茶道帶」。

2 沖繩特有的紅土

紅茶的茶樹，在貧瘠的紅土上才能長出含有大量兒茶素的茶葉。沖繩的土地正是最適合紅茶的紅土。

3 與眾不同的「Benihomare」

適合製作紅茶的是阿薩姆種的茶樹。在「琉球紅茶～月夜的KAHORI～」的產地金武町，也栽種了珍貴的Benihomare。

沖繩茶廠的社長內田智子，以調茶師的身分活躍於紅茶界，擁有可以分辨出紅茶產地的味覺及嗅覺。

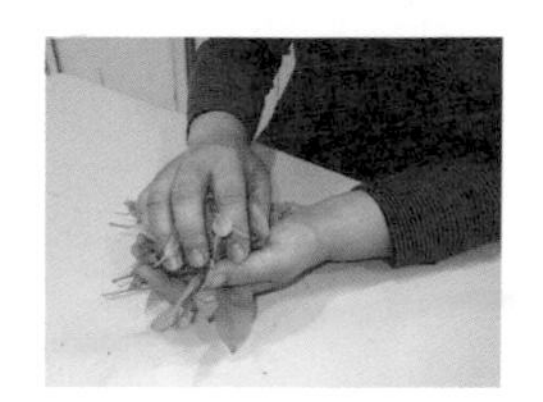

4 口味關鍵是揉製

手工摘採的茶葉，經過自然乾燥，待水分蒸發後，細心地以手揉製。

5 最高等的試飲技術

長年保持品質水準的原因，正是因為這裡有許多具有高度試飲技術的調茶師。

將所有信念都投注在一杯紅茶中

沖繩茶廠的社長內田智子，在1993年時因為紅茶相關工作而移居斯里蘭卡，驚異於世上竟有如此好喝的紅茶，這便成為她現在工作的原點。生活在斯里蘭卡的三年間，帶著追根究柢的個性，她學會了栽種茶樹、製造、試飲和混調茶葉的技術。

1995年內田智子移居沖繩，看到沖繩和斯里蘭卡無異的紅土，再加上發現當地的緯度和紅茶的故鄉阿薩姆地區相同，就更加確信沖繩一定能夠種出真正好喝的紅茶。

內田智子說：「紅茶接枝要兩年，到第三年移種至莊園後才能開始生產，也就是說，種茶的農家在剛開始栽種的三年內，將會完全沒有收入。說穿了，紅茶產業非得在同個地區深耕不可。」

自2000年起，茶廠開始製造沖繩縣生產的紅茶，並決定在能夠製造出夠水準的紅茶之前，不銷售100%的沖繩縣產茶葉，而是推出和進口茶葉混調的紅茶商品。苦等時機成熟，正式發售「琉球紅茶～月夜的KAHORI～」，已經是2009年的事。在新宿的百貨公司舉辦的限定販售會，立刻就售罄圓滿告終。

當地與茶廠簽約配合的農家，會以有機無農藥栽培的方式照顧茶廠提供的樹苗。手工摘採的茶葉，還要經過細心的手工揉製處理、發酵、乾造過程。

100g就要價1萬日幣的特級紅茶，從生產到製造，都是在極其講究獨特原則的過程下完成。然後再將成果回饋給莊園，才終於培育出誕生於沖繩的琉球紅茶品牌。

「我們的努力，全都呈現在客人所喝的那小小一杯紅茶裡。」2010年，當地紅茶產量約為1噸，到了2011年時，收穫量大幅躍進至2～3噸。琉球紅茶邁向世界的挑戰，正逐步展開。

紅茶行家傳授的頂級紅茶

品茶沙龍或紅茶店等，
以紅茶做為職業的行家們，
平常都是品飲著何種美味紅茶呢？
現在就一一介紹令他們著迷不已，
行家們所珍藏的頂級紅茶。

Life

The Greatest Tea in One's

Tea Wizerd
01

Takeshi Hayashi ❦ **TWG tea 自由之丘**

銷售的茶葉達800種以上

足以代言紅茶風潮
紅茶沙龍的堅強實力

匯集在貿易路線的交叉點
精選出各國的精品茗茶

為了將最高級的茶葉推廣至世界各地，源自新加坡的高級紅茶沙龍「TWG tea」日以繼夜地推展茶界領域，將無比的熱情貫注在紅茶上。在具有悠久歷史、被視為紅茶之都的新加坡成為話題焦點的這間紅茶沙龍，店內琳琅滿目的漂亮紅茶罐特別令人印象深刻。TWG tea 善用新加坡位於東西方交會點的地理優勢，引進來自世界36國專業茶莊園生產的800種茶葉及原物料，並推出含水果、巧克力、焦糖等許多香味濃郁、具高質感魅力的原創混調茶品。另外還配合季節推出應季的產品，充滿季節感的紅茶，可以做為禮物或伴手，相信能夠搏得受贈者的喜悅。不只紅茶，這裡也以使用原創混調茶葉製作的精緻甜點為傲，尤其是在新加坡最受好評的六種口味馬卡龍，也能在此品嚐到。沙龍中除了精緻的甜點外，也可以享受到美味的餐點，譬如附有茶香麵包的菲力牛排等料理，味道極為優雅，在品飲紅茶時，不妨一併試試。

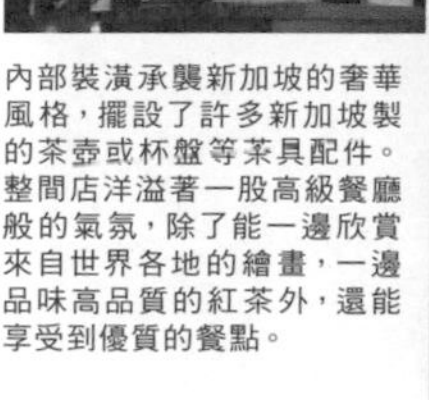

內部裝潢承襲新加坡的奢華風格，擺設了許多新加坡製的茶壺或杯盤等茶具配件。整間店洋溢著一股高級餐廳般的氣氛，除了能一邊欣賞來自世界各地的繪畫，一邊品味高品質的紅茶外，還能享受到優質的餐點。

櫃台內的櫃子裡，陳設了數百種來自印度、摩洛哥、南非等世界各地精選的紅茶罐，極度具有參觀的價值。

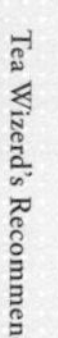

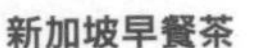

新加坡早餐茶

Singapore Breakfast

使用新加坡最具代表性的茶葉，調製出TWG tea的特調花草調味薰香茶。具有深度的滋味，不分老少受到大眾歡迎。

拿破崙紅茶

Napoleon

以法國英雄拿破崙為概念設計的調味薰香茶。香草油和焦糖的組合，交織出絕妙的風味。

Recommend Pick Up!

經過嚴格洗練、刺激五感的茶葉
再三精選後的極致逸品

TWG tea 的紅茶行家從不計其數的精品中，
挑選出以伯爵茶為中心，
口感溫潤的七種花草調味薰香茶。
其中也有使用來自亞洲各地香料調製的茶品，
當然新加坡特有的茶葉也入選其中。

粉紅玫瑰茶

Bain de Rose Tea

在大吉嶺中加入採自法國格拉斯地方的玫瑰和帶有香甜氣味的香料，芳醇的香氣，讓身心都能得到舒緩。

阿芳索紅茶
Alfonso

芒果和水果乾的組合，搭配出清爽的香氣和口味。這是小孩子也會喜歡的花草調味薰香茶。

派對時光
Cocktail Hour

由扶桑花和甘蔗香料混調成的花草調味薰香茶，與其喝熱的，冰茶更能表現出獨特的風味，適合夏天飲用。

法式伯爵茶
French Earl Grey

用最高級的伯爵茶配上香檸檬等混調而成，喝進口中會呈現出濃醇豐美的味道，是TWG tea自傲的頂級花草調味薰香茶。

情人早餐茶
Valentine Breakfast

糖粒和莓果組合而成的甜味早餐茶，水果香和濃厚的香甜口味，是此茶葉的特徵。

讓人忍不住
想盡情享受最高級的滋味

Package Design

1837年創立的新加坡TWG tea總店，至今仍在使用過去的傳統紅茶罐，外觀設計非常古典。此外，為了確保茶葉完全不受損傷，會將茶葉分裝在手工縫製的茶包中販售。

DATA

TWG tea自由之丘

東京都目黑區自由丘1-9-8
☎03-3718-1588
營業時間／11：00～12：00
公休／無
http://www.twgtea.com/

紅茶中的香檳

推廣大吉嶺 豐厚饒富的滋味

Tea Wizerd 02

Yuya Tsuno THE DARJEELING

嚴格精選 採自六大莊園的茶葉

栽種大吉嶺的地區四面環繞險峻的山脈，由於海拔較高，氣溫冷暖變化劇烈。在這個特殊的環境條件下孕育出來的紅茶，有個美麗的別名叫做「紅茶中的香檳」，長年令世界各地的人們著迷不已。將世界著名的大吉嶺紅茶在日本推廣開來的幕後功臣，就是「THE DARJEELING」。他們自OKAYTI、CASTLETON、GOOMTEE、MARGARET'S HOPE、SELIMBONG、PUTTABONG等六個茶莊園，挑選出當季採收的精選茶葉。而紅茶好喝的秘密，就隱藏在兩位紅茶試飲員的身上。

在供應全世

店內除了陳列著漂亮的茶葉包裝，以及裝潢別緻而洋溢著高級感的茶葉販售區，還設有咖啡廳，同時能品嚐到使用頂級大吉嶺製成的蛋糕等。當服務員將大吉嶺注入杯中，帶有刺激感的薄荷醇芳香撲鼻而來，讓人只要聞過一次就無可救藥地愛上它。

界美味紅茶的印度國內，最頂尖的試飲員會試飲印度各地的紅茶，並將每季嚴選出來的大吉嶺樣茶寄回日本。這些樣茶會由平時擔任紅茶專業課程講師的試飲員進行試飲，確認是否能夠符合日本的水質和口味。另一方面，因為採取了不透過貿易公司的進貨方式，所以能用更平實的價格供應給顧客。

緊鄰麻布十番站4號出口旁的「THE DARJEELING」，店內販售的使用紅茶製作的法式千層蛋糕或蒙布朗等甜點也相當受到歡迎。

瞭解大吉嶺的美妙之處
嚴選六種優質紅茶

THE DARJEELING 店長帶著自信推薦的紅茶，
是在大吉嶺盛產季於各莊園所摘採的早餐茶。
每一種都充滿了個性，別具滋味。
相互試飲比較過後，你也將成為大吉嶺的行家。
從中找出最合自己口味的茶葉，
盡情沉浸在快樂的紅茶生活中吧！

大吉嶺
Margaret's Hope
Darjeeling Margaret's Hope

擁有金黃的耀眼茶色，仍未沖開的茶葉本身，就已散發出濃郁的香氣。澀味較淡，味道柔和順口。

大吉嶺・Puttabong
Darjeeling Puttabong

大吉嶺的栽種地區位於最北莊園所產的茶葉。茶葉洋溢果實般的香氣，喝起來有如麝香葡萄般的香味和淡淡的澀味，呈現絕妙的平衡。

大吉嶺
Goomtee
Darjeeling Goomtee

具有麝香葡萄般的風味及醇厚甜味的正統派大吉嶺紅茶，此種茶葉以其獨具的芬芳香氣為特徵。

大吉嶺
Selimbong
Darjeeling Selimbong

茶葉栽種過程中完全不使用農藥及化學肥料。茶湯甘甜柔和，入口後悄然擴散開來。當茶冷掉後，將會喝出更明顯的甜味。

依生產的莊園分為六種時髦搶眼的包裝，是相當討人喜歡的禮物。據說有不少人為了收集全部的包裝，每次都特地買不同莊園產的大吉嶺。

大吉嶺・Okayti

Darjeeling Okayti

Okayti是大吉嶺中最具歷史，以頂尖的製茶技術為傲的莊園。茶葉洋溢濃郁的香氣，芬芳又濃厚的滋味，讓人能充分體驗品茶後的餘韻。

大吉嶺

Castleton

Darjeeling Castleton

飄散著水果般的甜香，入喉口感順口不澀。清爽的後味和淡淡的香氣，餘韻久久不去，令人享受不已。

Data

THE DARJEELING

東京都港區麻布十番2-1-8
☎03-5419-7933
營業時間／8：00～23：00
公休／無
http://www.the-darjeeling.com/

Sayaka Nakanoji ❧ Silver Pot

極具人氣的紅茶

精心挑選適合水質的超優質茶葉

藉助透明的PYREX專業用茶杯，能夠清楚確認熱水的份量和紅茶的顏色，即使是剛接觸紅茶的新手，也能輕鬆享受到好喝的紅茶。沖煮的訣竅就在於把將近100℃的熱水一口氣注入壺中，促進茶葉的跳躍運動。

在Silver Pot的教室享受專業試飲服務

位於大塚市住宅區寧靜街道上的住家型紅茶教室「Silver Pot」，教學內容不僅限於沖煮紅茶的方法，也會深入探討紅茶歷史以及茶葉特性，可以滿足參加課程的人的好奇心與求知慾，因此評價甚高。

Silver Pot使用的高級茶葉來自印度及斯里蘭卡，並從中嚴格挑選出適合當天沖泡水質的茶葉。這是因為即使在產地受到好評的產品，到了其他國家也不一定會有同樣的味道。Silver Pot的店長抱持著上述的信念，長年提供紅茶飲用者們最適合且高級的茶葉。

由Silver Pot所引進的茶葉商品，在日本最大的茶葉銷售網上也設有專櫃，據說近來有其他國家的貿易公司洽談出口，正說明了老闆的品味已達到世界等級。想要親自挑選、購買茶葉的人，可以到Silver Pot進行試飲，絕對有一去的價值，相信各位能在那體驗到全新的紅茶世界。

自原產地直接進口的密封包裝樣茶，茶葉在經過專業試飲員的試飲評鑑後才會正式引進。

運用女性特有的犀利眼光 細心挑選出最頂級的印度產茶葉

身兼老闆和紅茶教室講師的中野地，這次特別選出六種茶葉，
從正統派到混調紅茶皆有，能使許多人充分享受其中。
即使是相同的大吉嶺，也會在喝過之後，
驚異於其過大的差異而感動。
第二泡時，還能品嚐到和第一泡完全不同的柔和滋味。

印度之心

Heart of India

優雅醇厚的口感，適合喜愛明晰香料味道的人。紅茶裡含有生薑成分，能溫暖身體，對手腳冰冷、易受寒的人頗具效用。

焦糖印度奶茶

Caramel Chai

既甜又濃厚，味道相當有深度的印度奶茶。此種茶以阿薩姆的CTC做基底，是長年來深受熱愛的茶葉組合，也能做為一款討人歡心的禮物。

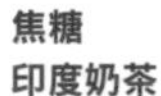

聲名遠播海外，一定要喝的紅茶在此！

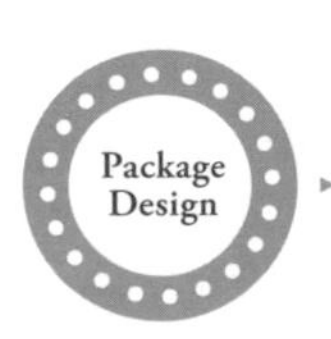

印上Silver Pot字樣的銀色包裝，貼著針對各種不同茶葉的味道、香氣來設計的貼紙。裝滿茶葉的袋子經過徹底密封，可避免茶香流失。

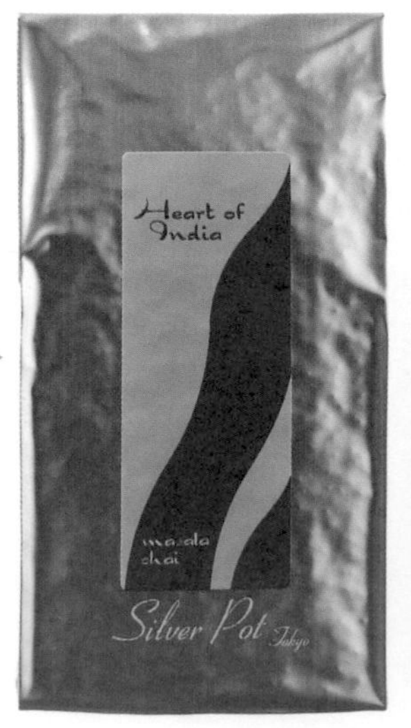

錫蘭．汀普拉

Ceylon Dimbla

順口又清爽的滋味，不論是調成奶茶或直接飲用都很好喝。同時這款錫蘭紅茶也適合搭配各式各樣的甜點。

大吉嶺

Singbulli

Darjeeling Singbulli

精選自Singbulli莊園的頂級茶葉，由特別的品種所栽種而成，口感圓潤但卻又不失清爽。

尼爾吉里

Glandale

Nilgiri Glendale

出產自尼爾吉里的Glandale莊園，其特徵是它玫瑰般的甜香。使用兩種茶葉經過純手工揉製，是莊園對紅茶的堅持。

大吉嶺

Selimbong

Darjeeling Selimbong

所有的茶葉都採自高樹齡的茶樹，帶有桃子系葡萄酒的香味，口感滑順無澀味，非常易於入口。

DATA

Silver Pot

東京都文京區大塚6-22-23
☎03-5940-0118
營業時間／10：00～17：00
公休／門市、教室僅每周四營業
http://www.rakuten.co.jp/silverpot/

Tea Wizerd

04

洋溢獨特個性 頂級大吉嶺

與生產者的邂逅醞釀出的道地滋味

Leafull Darjeeling House

Sakae Yamada

各款茶葉都配有專屬的卡片，上面不只詳載了名稱，連特徵及沖煮時的建議方式（適當的水量、水溫、萃取時間）都寫得清清楚楚。在找尋喜歡的茶葉時，可做為絕佳的參考資料。附帶一提，即使是同莊園生產的同品種茶葉，也會因為收穫的時期及地區而有不同的味道，茶湯的顏色也會大不相同。在店裡可以輕鬆地開口要求試飲。

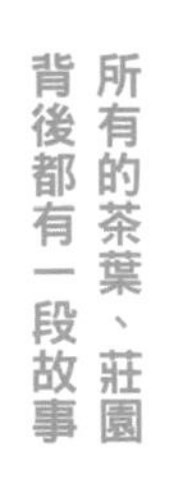

所有的茶葉、莊園背後都有一段故事

對「Leafull」的店長山田小姐來說，「記憶最深刻的一杯紅茶」是在20年前初次造訪尼泊爾時，由山嶺間的莊園所提供的紅茶。「聽起來可能會覺得有點誇張吧，當時彷彿金黃色的茶湯和香味全融入身體裡，喝完後好像身體會發出光芒一樣。」當時亞洲各地的局勢都相當不穩定，光是到尼泊爾旅行就已經是非常危險的舉動。克服種種苦難後才遇到的一杯紅茶，其感動自然是非比尋常。山田小姐進入紅茶世界20年以上，對於邂逅的好茶及農園的主人，與其說是「因緣際會」，更像是神明受到山田小姐對紅茶投注的熱情所感動，因而賜予她的小小禮物也說不定。

SUNGMA茶園
YAMADA BARI DJ-26
2010夏摘茶

Sunguma Yamada Bari DJ-26

此款茶栽種於大吉嶺西部的Sungma茶園，茶園一角是山田小姐親手栽種的「YAMADA BARI」，只有在「Leafull」才能買到。

紅茶就是自己的投影
想找到令人喜悅的茶葉
就相信一流的行家

Recommend
Pick
Up!

山田小姐從店內的最頂級紅茶中，
精選了三種不同時期採收的大吉嶺、
採收自尼泊爾茶園的高級香格里拉，
此外還有阿薩姆以及烏瓦紅茶。
山田小姐創立「Leafull」20 年來，
不斷至產地勘查茶園、檢視紅茶，
她運用過去累積經驗所精選的紅茶，
敬請各位悉心品嚐。

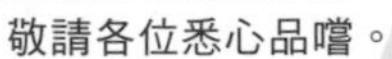

烏瓦
Shawlands

Uva Shawlands

品嚐時，毫無雜味的純淨口感讓人深刻印象，能感受到烏瓦特有的香氣，為最頂級的烏瓦紅茶，同時也是得到最優秀獎的逸品。

阿薩姆・Amgoorie
2010夏摘茶

Assam Amgoorie

印度最大的紅茶產地——阿薩姆地區所栽植出來的茶葉，具有彷彿果實融入其中的圓潤兒茶素滋味，並兼具了醇厚口感。

香格里拉・Guranse
秋摘茶

Shangrilla Guranse Autumnal

Guranse莊園以維持高度品質為第一優先原則，廣受業界注目。這款茶具有鈴蘭花般清新的香氣，柔和溫潤的口感，呈現出非凡的氣質。

Margaret's Hope DJ-205
2010夏摘茶

Margaret's Hope DJ-205

紅茶的顏色淡薄具透明感，品嚐時具水潤清新的風味。Margaret's Hope莊園因近年來的產量與品質兼具而受到注目。

吉達帕赫 DJ-1
特製中國茶
2010春摘茶

Giddapahar DJ-1 China Special

此款茶出產於標高1500m地區的吉達帕赫茶園，並是所有春摘茶中最早收穫的「首摘茶」，清雅芬芳的香氣特別出眾。

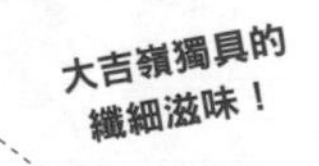

「Leafull」的專用茶罐，在簡單的設計之中，成熟含蓄的深綠色深具美感（圖為50g用）。深色的設計不只為了美觀，也為了發揮出充分的遮光力，具有預防茶葉劣化的效果。

DATA

Leafull Darjeeling Hourse

東京都中央區銀座5-9-1／ATSUMA大廈1樓
☎03-6423-1851
營業時間／11：00～20：00
公休／無
http://www.leafull.co.jp

Tea Wizerd
05

Rei Kamata ✤ **Lawleys Tea**

體驗正統英國風格的紅茶

品味優雅紅茶
ART OF TEA

Lawleys Tea一樓是展售門市，裝在各色包裝裡的紅茶，琳琅滿目一字排開。

連細節也非常講究
無微不至的待客之道

約上幾位至親好友，在由華美家具所妝點的大廳中，使用喜愛的茶具來共度一段優雅的紅茶時光。此種傳達英國古典「享受紅茶」的文化，正是Lawleys Tea不斷努力的目標。鎌田玲擔任Lawleys Tea的紅茶師，召開茶會，把生活中如何去享受紅茶的心情，傳達給每位來訪的參加者。在Lawleys Tea，使用描繪玫瑰圖案的原創茶具所沖煮的紅茶，無一不秀逸出眾，其中的阿薩姆皇家奶茶更是個中翹楚，獨特的花草調味薰香茶也受到許多人的喜愛。茶會以英式傳統配置為基礎，搭配職人手作的甜點來襯托出紅茶的味道。想瞭解品味紅茶的正規流程及做法、體會更深層樂趣的人，請務必到Lawleys Tea，過去未曾品味過的美妙紅茶，正在這裡靜靜等候與你的邂逅。

營造出英國風典雅紅茶時光的茶具組，大大小小的茶具，繪滿了英國人最愛的玫瑰花圖樣，讓品茶的時光更添華麗。茶壺、茶具和沙漏都非常受人喜愛。

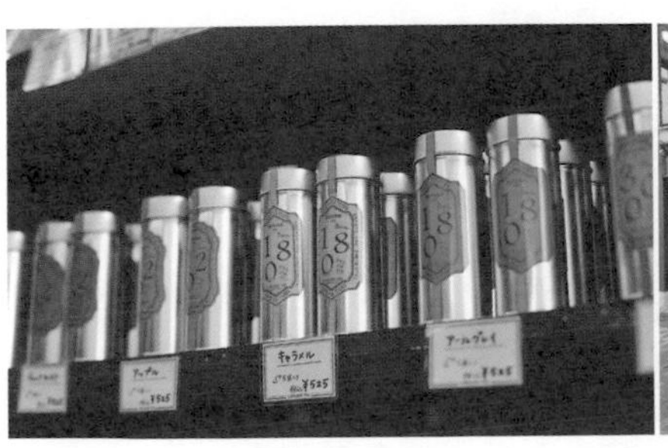

Lawleys Tea自JR惠比壽車站徒步5分鐘可達，是間彷彿會出現在80年代英國電影裡的沉靜小店，位置正好在駒澤通和明治通的交差點上。店內的櫥櫃裡擺滿了形形色色的紅茶罐。

皇家大吉嶺

Darjeeling Royal

清雅高貴的香氣和纖細的味道為特徵，為世界三大茗茶之一。直接飲用，優質的口感令人感到奢侈。

Lawleys Tea試飲師精心嚴選的高品質茶葉混調紅茶的精髓

自原產地直接進口的茶葉，
經由試飲師精細的技術調配，
製作成香氣濃郁，滋味又豐滿的紅茶。
從大吉嶺、阿薩姆等經典茶款，
到不斷反覆實驗後才完成的調味薰香茶，
店內準備了許多適用於英式紅茶的茶葉。
優雅恬靜的風格，深受女性歡迎。

皇家特調紅茶

Royal Blend

將柔和的香氣和濃烈的茶味完美調和為一的原創特調紅茶，特別適合想喝和平常不一樣、味道更華麗豐盈的奶茶時使用。

甜蜜早晨

Sweet Morning

喝起來清爽有如早晨陽光般的紅茶，添加柑橘和蜂蜜的香味後，讓人能從中享受到華麗的清甜口感。

愛

Loving

充滿豐腴的甜美桃子香和花香，這是Lawleys Tea最受歡迎的調味薰香茶。多彩的香氣和品格高雅的美妙滋味，請務必直接飲用。

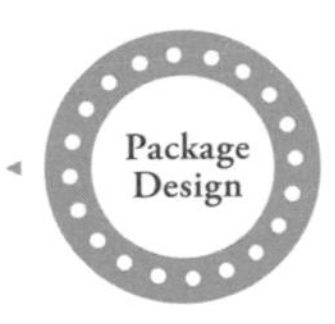

貼著Lawleys Tea特製貼紙的藍色包裝，紅茶罐或零食罐也設計了非常漂亮的花樣，光是看就讓人心情愉快。另外也有能夠用來做為禮物的署名茶罐。

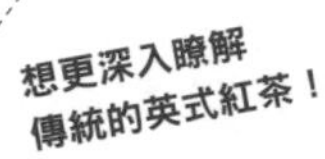

巧克力紅茶

Chocolate

既甜美又洋溢著奶香的巧克力調味薰香茶，要給小孩子喝時，還能加進砂糖和牛奶，調成巧克力奶茶。

金牌阿薩姆

Assam Golden

具有柔和的甘甜，充分表現出阿薩姆特有的味道。口感豐美濃郁，不妨沖煮得久一些，調成奶茶來品嚐。

DATA

Lawleys Tea

東京都澀谷區廣尾1-15-16
☎03-3443-4154
營業時間／11：00～19：00
公休／星期日、國定假日
http://www.t-plan.co.jp/

Tea Wizerd

06

Kazuko Kubota

CYA-YA TeThe

隨四季更迭而不同的味道

能品味到
正統茶品的
街角紅茶廳

陳設著木製家具的店面，給人一種童話裡才會出現的森林小屋氣息。櫥櫃裡陳列的茶葉透出溫暖的香氣，讓人格外感到愜意。

自櫻新町車站出口正面的大馬路走上5分鐘，就能看到一棟橘色屋頂的店面。店裡除了茶具外，還有許多跟紅茶有關的時髦小東西。

融入日常生活中 像家一樣的紅茶店

CYA-YA TeThe的店面位在世田谷櫻新町，是深受主婦們喜愛的紅茶店。以木質為基調，氣氛舒適自在的店面裡，還設計了小小的座位區，讓人能享受一段悠閒的時光。身兼日本紅茶協會指導員的店員所沖煮的紅茶，僅萃取出茶葉的美味，入口完全不澀，緊緊抓住了顧客們的心。並且能從店內80種以上的茶葉裡，隨喜好找出合口味的茶，也是這裡的魅力之一。在店裡，不只是茶葉，還可以看到跟紅茶相關的雜貨，或是客人寄賣的手工藝品等，是個以「融入日常生活中，輕鬆享受紅茶趣」為概念的休閒空間。

右）放在櫥櫃裡的古董風紅茶用具等，店裡各個小地方都悄悄布置了高品味的擺飾。左）店員最為推薦的大吉嶺紅茶「月光」，請和餅乾一同品嚐。

櫻新町紅茶

Sakurashinmachi Tea

試飲師以櫻新町的形象來混調而成的紅茶，草莓、蘋果、葡萄乾醞釀成的水果滋味，搭上蜂蜜的香味再適合不過了。

大吉嶺
夏摘茶
月光

Darjeeling
Second Flush Moonlight

2010年自ARIYA茶園摘採的夏摘大吉嶺，因為味道優雅有如月光，格調高尚，因此命名為月光，入口後還能享受芬芳的餘韻。

仕女紅茶

Female Tea

用不含咖啡因的南非國寶茶和無農藥的香草混調而成。加入了被稱為安胎香草的迷迭香，據說對促進母乳分泌頗有效果。

從印度到中國
自亞洲各地的原產國
精選而來的茶葉

印度的大吉嶺、斯里蘭卡的烏瓦、中國的祁門紅茶，
不單只有世界三大茗茶，
同時也引進了韓國、日本、越南的優質茶葉。
並且還致力於提供適合各個季節飲用的茶品，
獨家的原創特調、調味薰香茶也都很豐富，
一年下來，推出的茶葉包含上百款。

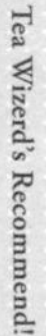

特種阿薩姆

Assam Special

印度阿薩姆地區的經典紅茶，甘甜的香味和滑順的口感為特徵，尤其受到女性歡迎，不論是調成奶茶或直接飲用皆宜。

皇家特調奶茶

Royal Milk Tea Blend

針對奶茶所調配的濃郁型紅茶，建議可沖煮成加入許多牛奶的醇厚奶茶，或是用牛奶煮成印度奶茶。

瑪撒拉印度奶茶

Chai Masala

用阿薩姆的茶葉，添加丁香及肉桂等數種香料混調。這是讓人能輕鬆品嚐到印度奶茶的原創特調茶品。

緊抓住女性喜好的人氣紅茶！

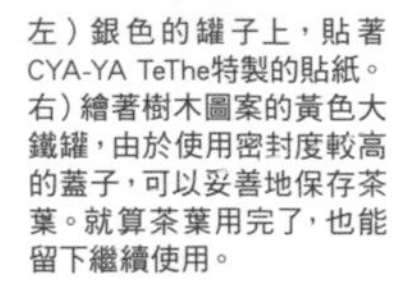

左）銀色的罐子上，貼著CYA-YA TeThe特製的貼紙。右）繪著樹木圖案的黃色大鐵罐，由於使用密封度較高的蓋子，可以妥善地保存茶葉。就算茶葉用完了，也能留下繼續使用。

DATA

CYA-YA TeThe

東京都世田谷區新町2-22-15 1樓
☎03-5426-8653
營業時間／10：00～20：00
公休／星期一
http://www.te-the.net/index.html

珍惜可遇不可求的邂逅

傳達出
紅茶初摘的
濕潤水感

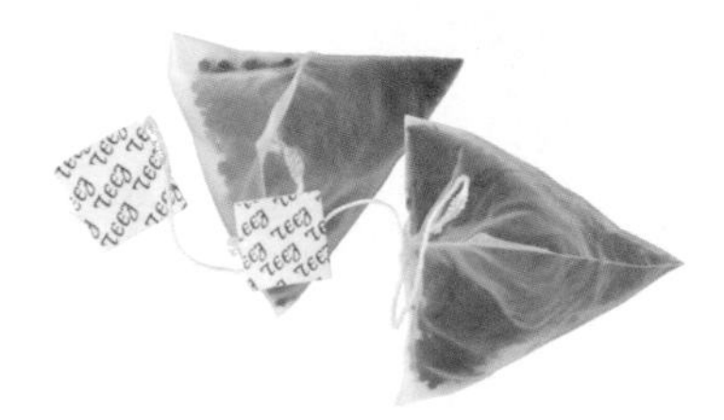

直飲、混調等各種類型的茶包。為了讓茶葉的美味能輕易地被萃取出來，特別使用尼龍製的三角茶包。

體驗前所未有的大吉嶺獨特的風味震撼人心

1985年，主打「英國的飲料」形象，紅茶專賣店TEEJ應顧客需求開始直接從產地引進紅茶。店內陳列的大吉嶺和阿薩姆，是由特定茶園進口，一年三次分別引進春茶、夏摘茶和秋摘茶，並且每年不會限制引進同一茶園的茶葉。也就是說，今年喝了覺得喜歡的茶葉，不代表明年也買得到。這是因為TEEJ的茶葉，都是由公司社長森先生親自往來產地，直接試飲後才會決定要引進哪些茶葉。對此，店員高木小姐說：「就像米一樣，紅茶也是一種農產品。」據說高木小姐在進公司之前，就一直認為TEEJ的紅茶最好喝。「紅茶的味道隨著季節會有所不同，即使是同個茶園，每年的味道也完全不一樣。所以各有各的美味之處及特色。」

邂逅令人感到驚喜的紅茶，可遇而不可求，也因此每當新的茶葉擺上店頭，總是很快就消失蹤影了。

高木小姐據說是因為愛上了TEEJ的茶葉才進入這家公司。店內大量使用玻璃，洋溢著活潑的色彩，常常有人誤以為是生活雜貨店而走入。不算寬敞的店面裡，由店員一一親切招呼的待客方式，讓人感到格外溫暖。另外也有銷售標示了「TEEJ」LOGO的茶具組。

尼爾吉里

Nilgiri

「尼爾吉里」直譯就是「青翠的山」，栽種於南印度的丘陵地帶，具有近似於錫蘭紅茶的平順柔和味道。

魅力就在於
能體驗每季收穫茶葉
彼此的不同之處

紅茶專賣店 TEEJ 的歷史，
是從社長森先生在印度遇見大吉嶺開始。
高木小姐則是在這裡初次品嚐到剛採收下來的紅茶，
充滿水潤感的清新滋味，讓她深感驚喜。
店裡特別推薦的是每季替換的大吉嶺和阿薩姆，
此外，還能在此以原創配方混調的茶品，
搭配做為一份別出新裁的禮物。

TEEJ使用的是四四方方的簡單鐵罐，照片中的是裝阿薩姆和大吉嶺的罐子，烏瓦紅茶的則是黃色、尼爾吉里是用淺藍色等，罐子和標籤的顏色會依照使用的茶葉和口味而異。

讓人想長久留在身邊使用，極簡風的設計！

Selimbong DJ147
2010夏摘茶
Selimbong DJ47

特徵是其圓潤的味道和優雅的澀味，這是高木小姐在2010年夏摘的大吉嶺之中最喜歡的一款茶。

Duanara C-460
2010夏摘茶
Duamara C-460

這款茶產自阿薩姆地區中土壤特別肥沃的Duanara茶園，具有阿薩姆的強烈特色，以及出眾的甜美莓果香氣。

烏瓦紅茶（Saint James茶園）
Uva Saint James

栽培於錫蘭高地區域的Saint James茶園，使用手工摘採的茶葉。茶色深紅，帶有強烈的香氣和清晰爽口的澀味。

DATA

TEEJ

東京都大田區田園調布2-21-17
☎03-3721-8803
營業時間／10：00～18：00
公休／星期日、國定假日
http://www.teej.co.jp

Tea Wizerd 08

Hajime Shimizu 青山TEA FACTORY

錫蘭紅茶專賣店

在斯里蘭卡遇見無與倫比的錫蘭紅茶

在這裡露臉的客人，據說都是常客。和店長、店員之間的交流非常熱絡，洋溢著一股家庭般的溫馨氣氛。第一次造訪的人，店長也會親切地招呼款待，讓人非常自在。

特別強調錫蘭紅茶 廣受大眾歡迎的紅茶店

TEA FACTORY的店長目標不在高貴又高價的紅茶，而是想將紅茶塑造成大眾日常生活飲料，推廣給身邊的人。他專攻受全世界喜愛的錫蘭紅茶，店內使用的茶葉都是店長親赴斯里蘭卡的製茶工廠嚴格挑選的優質好茶。在這可以喝到不同莊園及採收時期的錫蘭紅茶，以三大茗茶的烏瓦為首，還有汀普拉、努瓦拉艾莉、康提、璐巫娜等。此外，加入水果果肉或香料的調味茶也非常值得一試。

右圖中掛在柱子上的四方形看板，就是TEA FACTORY的標誌。櫥櫃中陳列著茶具和茶葉，茶葉的包裝都是出自店員設計。

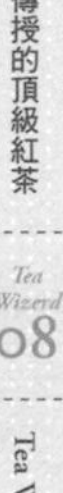

專攻錫蘭的店長嚴選 5款頂級錫蘭紅茶

店長嚴選出產自斯里蘭卡中央山脈東部，海拔約 1000 ～ 1700m 處的兩款烏瓦、在海拔 2000m 的窄長縱谷中培育的努瓦拉艾莉、產自中央山脈西側斜面的汀普拉，還有古都康提所產的茶品，全部共計 5 款茶品。

康提
黑波達莊園BOP
Kandy Helboda BOP

澀味較薄，味道香甜輕淡，是相當好入口的紅茶。由於兒茶素含量較少，適於調製冰茶或水果茶。

汀普拉
西部大莊園P
Dimbla Great Western P

擁有彷如蜜漬檸檬般清爽香味的錫蘭紅茶，味道清淡，沒有特別突出的個性，非常順口，是任何人都喝得慣的紅茶。

烏瓦・艾斯拉比莊園BOPF
Uva Aislaby BOPF

2010年的頂級品，具有薄荷醇的清新香味為其特徵，此外還有明晰的澀味。

烏瓦・班達拉艾里莊園
Uva Bandara Eliya

和艾斯拉比產的茶葉相比，烏瓦的口感柔和，入口不會引起抗拒感。直接飲用就很好喝，濃厚的茶湯也適合調製奶茶。

努瓦拉艾莉
佩多莊園OP
Nuwara Elliya Pedro OP

爽口的味道易於入口，特徵是其清爽的芳香和短暫的苦味。特有的溫潤甘甜，為紅茶中的極品。

DATA

青山TEA FACTORY

東京都港區南青山2-12-15
南青山2丁目大廈B1F
☎03-3408-8939
營業時間／10：00～21：30
星期六11：00～19：00
星期日、國定假日11：00～18：00
公休／年底、年初
http://www.a-teafactory.com/

荷蘭屋

Jyoji Taira

由專業行家醞釀出的琥珀色誘惑

追求紅茶的美味

璐巫娜

Ruhuna

醇厚而甜美的香氣，入口柔和清爽。不妨多放點茶葉，沖煮較濃的紅茶來調製成奶茶。

烏瓦紅茶

Uva

由於受到日夜溫度落差過大而產生的濃霧影響，使茶葉本身就帶有玫瑰或鈴蘭的香氣。是款價格平易近人的優質茶葉。

講究香氣與味道
少量分裝販售的產地直送

極重視紅茶原本的香氣，
荷蘭屋以印度及斯里蘭卡為中心，
供應產地直接進口的茶葉。
以「一天可以喝好幾杯的飲品」為概念，
為讀者精選 6 款推薦茶品。

只願意出售具有紅茶天然香氣的茶品

小小的店面裡，幾乎快被烘焙咖啡豆用的機器淹沒，裝滿咖啡豆的大玻璃罐在眼前一字排開。說到同時陳列了紅茶和咖啡的店家，多半讓人聯想到美輪美奐的咖啡廳。不過，荷蘭屋並非如此。過去，荷蘭屋曾在府中市開立店面，但徹底講究咖啡、紅茶的本質為飲品而非商品，結果不知不覺間逐漸拋棄了時髦包裝和店內裝潢。店長平先生非常重視紅茶本身具有的香氣，因此店內販售的調味薰香茶只有伯爵茶。為了防止紅茶劣化，茶葉只在訂購後才進行分裝。

沒有一絲裝飾，毫無浪漫情調的店面。但在隱約中透露出一股不平凡的氣質，吸引人們一探究竟。店裡的紅茶全都裝在進口時的袋裝裡，據說這是最能避免紅茶接觸到空氣的方法。

尼爾吉里
Nilgiri

味道明晰清爽的尼爾吉里，從過去就是許多茶店的愛用款，能沖煮非常美的茶色。

阿薩姆
Assam

很少有店家會出售完全不混入其他茶葉的100%阿薩姆紅茶，阿薩姆濃郁的口感，很適合調製成奶茶飲用。

肯亞
Kenya

由非洲特有的紅土和赤道曝曬下來的陽光，孕育出的紅茶具有濃烈的口感。由於是採CTC製程的茶葉，只要1分鐘就能萃取出極優質的味道和香氣。

DATA

荷蘭屋

東京都町田市中町2-11-16
☎0427-23-5743
營業時間／9：00～17：00
公休／不定期
http://orandaya.sakura.ne.jp/index.htm

伯爵茶
Earl Grey

使用天然香料製成的調味薰香茶，柑橘系的清爽感和明晰的香氣、清徹的味道，在在令人無法按耐。

Tea Wizerd

IO

Manabu Mizuno Chai Break

尋訪好茶的旅途不可不去

親自走訪各國農園採購的精品茶葉

不論紅茶新手或重度愛好者都能喝得滿足開心

店長水野先生每年都會親自遠赴產地找尋茶葉，他積極進口紅茶，以「Chai Break」的名號進

Chai Break位在井之頭公園附近，內部空間窄長，醞釀出輕鬆閒適的氣氛。造訪這裡時，別忘了嚐嚐和好喝的紅茶一起換季的美味甜點。店長水野先生就算早餐吃的是白飯，也一定要配上一杯紅茶呢。

行銷售或郵購業務，最後終於實現心中的宿願，打造出一個能夠輕鬆品味紅茶的場所。水野先生說：「紅茶一直給人高不可攀的印象，但我還是希望大眾能以更日常的心情去品嚐它。」在堅持只供應從盛產季節進口的頂級茶葉之餘，Chai Break 從來不硬性推銷，是一間讓人在「想喝杯好喝的紅茶」、「想喘口氣放鬆一下」時，能夠毫無顧忌地推門走進的溫馨店家。

璐巫娜・倫比尼莊園
FBOPFEXSP
2010頂級茶款
RUHUNA Lumbini FBOPFEXSP

斯里蘭卡茶葉交易價格最高的倫比尼莊園特級品FBOPFEXSP。茶葉中含有大量茶葉芯芽，澀味較薄，入口醇厚。

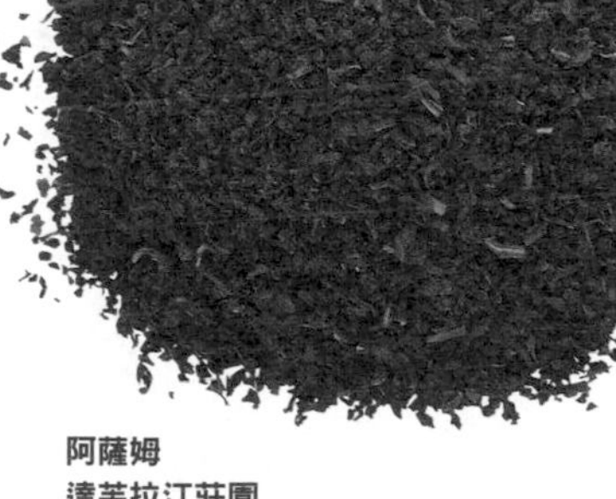

阿薩姆
達芙拉汀莊園
2010夏摘茶
Assam Duflating

連盡心盡力以平易價格供應美味茶品的水野先生，也忍不住違背原則引進的茶中逸品，馥郁的香氣令人鍾情。

烏瓦
高地莊園BOP
2010頂級茶款
Uva Highlands BOP

聲名遠播的高地莊園所出產的頂級品。充滿強烈個性的薄荷香和清爽的茶湯，組合出協調無比的平衡感。

大吉嶺
達札姆
2010夏摘茶
Darjeeling Turzum

2010年的夏季大吉嶺，採取限定品種，並只使用Sungma茶園中劃分出的「達札姆」區出產的茶葉。具有香草般清新的風味。

遇見理想的茶葉 品嚐「人生最美妙的紅茶」

水野先生每次喝到心目中的理想紅茶時，都彷彿正體驗著「人生中最美妙的時刻」。在此介紹他所推薦的 4 款極品紅茶。

DATA

Chai Break

東京都武藏野市御殿山1-3-2
☎0422-79-9071
營業時間／11：00～20：00
公休／星期二

國產紅茶尋訪

Taiwan

台灣的紅茶，你知道多少？

國產紅茶尋訪

說到紅茶，一般人想到的可能會是大吉嶺等印度產紅茶，

或是華美陶瓷茶具的三層英式下午茶，

但是，各位知道嗎？

其實台灣也有極度美味的紅茶！

在此就為讀者們介紹台灣國產紅茶！

1
台灣紅茶的故鄉
茶業改良場魚池分場
2
花蓮舞鶴的好滋味
東昇茶行
3
台東紅茶的重要推手
新元昌紅茶文化館

日治時期建造的錫蘭式紅茶工廠，至今仍在使用中，以檜木和杉木建造，可吸濕、防水、保持溫度及隔熱，功能性十足。

台灣紅茶的故鄉

茶業改良場魚池分場

日治時期，日本人引進印度大葉種阿薩姆紅茶至台灣，選定了現今南投魚池一帶做為種植區域，並於 1936 年設立現在的茶業改良場魚池分場，對台灣紅茶產業影響相當深遠。

位於台灣中心的紅茶產業重鎮

南投魚池鄉、日月潭一帶，海拔高度約 800 公尺左右，土質方面有紅質壤土、砂質壤土及頭社低窪地的腐質壤土，均屬微酸性土地。年均氣溫約 20 度，年均雨量 2000 ~ 2500 公釐，相對濕度約 85 度，周邊環境與阿薩姆種紅茶印度原產地相似，相當適合生產紅茶。

而位於南投縣魚池鄉貓囒山東南方的茶業改良場魚池分場，創立於 1936 年，當時名為「台灣總督府中央研究所魚池紅茶試驗支所」，並於 1938 年建立紅茶製

紅茶文化展示館內有紅茶工廠的小型模型，展示工廠內部每間隔間之功能。

造實驗工廠，為台灣大葉種紅茶研究中心。1945年台灣光復後，經過了多次更名、轉移歸屬後，1999年改為行政院農委會茶業改良場魚池分場。魚池分場目前總佔地約為99公頃，其中28公頃為茶園，內部設有紅茶文化展示館，整場主要接受政府單位、農民指導以及教育部門之業務，不開放予一般觀光客。

茶業改良場的主要業務大略為培育茶樹品種、研究改進茶園栽培和技術管理、研究茶樹病蟲害及其防治技術、研究改良製茶技術，提升茶葉品質、研發茶葉多元化產品，以及輔導茶葉安全檢驗、分級包裝及展售促銷等。其中，最為重要的工作便是育種以及保護種源。茶業改良場魚池分場是台灣茶葉種源的副中心，品種皆是過去不斷研究改良至今，但因容易受到混雜或被帶出，因此為了讓下一代的人得以篩選出優良的品種，守住種源和品系的工作便顯得相當重要。

茶業改良場魚池分場至今（2011）歷任了十九屆首長，當中，日治時期前來管理的新井耕吉郎（1904-47），在台灣成功種出錫蘭紅茶，即使在戰亂之時仍照常推動各項業務，並且台灣光復後仍留下擔任技師職務，被譽為台灣紅茶的守護者，至今茶業改良場魚池分場仍視他為精神領袖，設立紀念碑，將其精神和文化傳承下去。

茶業改良場魚池分場的建築從日治時期至今仍完好保留下來，並依原用途持續使用，可謂「活的歷史建築」。其中建於1938年的紅茶工廠，為錫蘭式的三層建築，採用水泥磚造加上木造的輕量化設計，完全沒使用鋼筋。建築一樓因搬運茶菁和加工等問題而用水泥磚造，木造部份使用杉木和檜木，皆不接觸到地面，並上漆處理。而二樓以上的木造部份，由於會影響茶葉品質，因此都不上漆。紅茶工廠能維持如此

1.茶業改良場魚池分場內仍留存著日治時期最早期引進的第一批茶樹，其茶菁仍持續採摘來製茶。2.於日治時期製造的萎凋架，要擺放或取出茶菁時可將架子抽出。3.將摘採的茶菁送回工廠內部進行室內自然萎凋。4.工廠內部的乾燥機可透過中央挑空讓空氣流通至各層樓。

長久時間的原因，是由於製茶會經過長時間的室內萎凋，需要一個良好通風的環境，其窗戶非常多，再加上天候不佳時為了能進行室內萎凋會使用到乾燥機，因此可以避免木頭的潮濕腐朽。工廠採坐北朝南避，窗戶設計成底下三片毛玻璃和上方二片透明玻璃，除了可避免陽光直射外也能達到採光效果。工廠構造左右對稱，中央挑空，可讓乾燥機的空氣透過挑空部份流通往其他樓層，並且萎凋室的隔間牆和門的木板皆可開合，能依不同季節調節溫度、濕度和通風程度，整體設計非常科學。

台灣地區由於特殊的地理環境和氣候，得以孕育出優良的茶葉品質。但這些天生具備的優異條件，若由工廠一次大量製作，製作出的紅茶特色性便不強，過去台灣紅茶為了外銷，便是採取此種模式。當時環境人力資源充足，呈現農民將茶菁集合交由工廠處理的廠農分離狀態。到了1970年代左右，台灣工商產業起步，農業人口逐漸流失，紅茶外銷漸漸失去競爭力，紅茶產業便逐漸沒落。

1.紅茶文化展示館內特別設置了一區來放置新井耕吉郎相關的文物，以紀念他的精神。當中的雕像為奇美實業董事長許文龍特別雕塑。2.紅茶文化展示館內部展示了許多過去至今的紅茶文物，提供教育研究。3.設於茶業改良場魚池分場內部的紅茶文化展示館外觀一景。

1999年是日月潭紅茶產業的轉捩點。這一年，茶業改良場完成新品種台茶18號的命名——也就是現在的紅玉紅茶。紅玉紅茶由台灣原生種野生山茶和緬甸大葉種育種而成，沖泡後帶有一股肉桂和薄荷的特殊香氣，紅茶評鑑師更是將此種香味讚譽為「台灣香」。在命名完成沒多久後，就發生了九二一大地震，對南投一帶造成了重大災情。政府及民間為了重建南投地區，必須想出一個具發展性的產業來帶動南投地

區發展之活絡，而考慮到過去南投日月潭一帶為紅茶知名產區，加上新品種的命名完成，便決定回復紅茶產業，並改以內銷為主，推動廠農合一之模式。

要推廣紅茶產業，需具備優良的品種和人員素質才能走得長遠。因此茶業改良場進行了輔導農民技術的活動與講習、研發較小型製茶機器來提供一般農民使用之，並統一訂定價格等，加上企業的投入、鄉公所配合推出活動等帶動周邊產業，並透過紅茶評鑑來說明日月潭紅茶之特色，藉此達到宣傳效果。到了現在，台灣茶農已經可以做到自產、自製、自銷，紅茶產業朝向精緻化模式發展，得以再度復甦。

在台灣紅茶未來的發展上，茶業改良場魚池分場郭寬福表示，台灣紅茶過去以外銷為主，所以並沒有特別發展屬於國人自己的茶藝，直到最近幾年紅茶才開始頻繁出現於一般家庭中。因此必須建立喝紅茶的認同感，譬如該如何沖泡、如何飲用等，期望推廣出屬於台灣紅茶茶藝的表現方式。

DATA

茶業改良場魚池分場

南投縣魚池鄉水社村中山路270巷13號
☎（049）285-5106
http://tea.coa.gov.tw/

台灣紅茶之起源

關於台灣茶葉的記載，最早大約是清康熙36年（1697）郁永河所著之《番境補遺》，當中記載在水沙連（今埔里、魚池一帶）山區有丈高的野生菜，漢人利用來焙製茶葉。

而根據文獻紀錄，台灣最早的紅茶是在日治時期由日本人引進台灣。由於當時歐洲社會正風靡於紅茶文化，「三井合名會社」便在1899年在台灣北部尋找適合栽種紅茶的地區。1903年台灣總督府在草湳坡（今桃園埔心）設立製茶試驗所試製紅茶，1906年開始生產，並在1908年開始外銷。1910年「日本台灣茶株式會社」成立，以製造紅茶為主，不過當時技術並不純熟，產量相當少。1925年，「三井物產株式會社」從印度引進不同品種的大葉種阿薩姆紅茶，於隔年開始在台灣栽種，並在1928年積極發展台灣紅茶，外銷至世界各地，受到好評。

1936年，台灣總督府在日月潭設立「台灣總督府中央研究所魚池紅茶試驗支所」，開始有計劃地從事紅茶之培育及推廣工作，1938年建立紅茶製造實驗工廠，這也是現今茶業改良場魚池分場之前身。

之後1945年台灣光復，紅茶產業歸台灣農林公司茶業分公司經營，積極整頓荒廢之茶園，投入茶業生產工作。1949年台灣省行政長官公署改組成立台灣省政府，改稱「台灣茶業試驗所」，1950年頒布《台灣省製茶業管理規定》。到了1955年，紅茶已成為台灣農業發展時期主要外匯收入來源之一，之後的二十年間可說是台灣紅茶外銷最為風光的年代。到了後來工商業起步，台灣紅茶產業逐漸沒落，直到了最近幾年才開始再度復甦。

國產紅茶尋訪 2 Taiwan

花蓮舞鶴的好滋味

東昇茶行

來到花蓮瑞穗，除了知名牧場的牛乳外，
東昇茶行的蜜香紅茶也是絕對必喝的飲品之一！
這款茶並於 2006 年、2010 年榮獲世界金牌獎，
美好的口味受到各界肯定。

蜜一般的芬芳香氣 間接帶動觀光產業的好茶

以中庭的一隻大白鶴石雕為指標，位於瑞穗舞鶴村的東昇茶行，其店主粘阿瑞為最早於舞鶴山種植茶樹家族的第二代。早期茶行以烏龍茶以及金宣茶為主要茶品，到了近幾年，某次意外製作出帶有蜜香的紅茶，獲得各方好評後，便漸漸開始以蜜香紅茶為發展主線。

東昇茶行栽種時採取完全不使用農藥的無毒有機栽培法，此種栽培法的缺點在於有時蟲害過於嚴重，會導致茶葉完全無法使用。粘阿瑞說：「記得某一次要採摘茶葉製作烏龍茶，但因連續下了約十日的大雨，完全無法收成，最後摘回的茶葉蟲害相當嚴重，但卻也發現茶葉散發著一股淡淡蜜香，當時判斷茶葉無法做出烏龍茶的清香，所以決定嘗試製作紅茶，沒想到做出來的效果非常不錯。」

茶女們正在摘採秋摘茶，出產的紅茶以夏秋二季的品質最為優良。

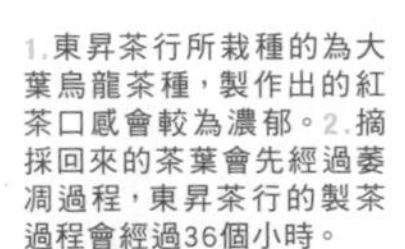

1.東昇茶行所栽種的為大葉烏龍茶種，製作出的紅茶口感會較為濃郁。2.摘採回來的茶葉會先經過萎凋過程，東昇茶行的製茶過程會經過36個小時。

此種蟲稱為茶小綠葉蟬（Jacobiasca formosana），原本是農業中的一種害蟲，在此次意外中粘阿瑞發現茶小綠葉蟬吸食過的茶葉會帶有蜜香，而且吸吮越多蜜味越香濃，當茶葉呈現船型時是做成蜜香紅茶的最佳時機。粘阿瑞也笑著說：「過去都是努力防止蟲害，現在則是要努力維持它們能生長的環境。」

東昇茶行的蜜香紅茶以芽葉茶為主，使用大葉烏龍茶葉進行製作，採雨水和中央山脈引進的山泉水灌溉，茶園位於舞鶴台地，海拔高度約150～300公尺，此區為北回歸線經過之地，同時因洋流和中央山脈影響，氣候溫和，雨量充足，早晨還會有霧氣產生，整體環境相當適合培育紅茶。茶葉一年四季皆可收穫，由於茶小綠葉蟬盛行於夏、秋二季，這兩季也成為蜜香紅茶的產期，以5月～10月出產的茶最為優良。粘阿瑞表示，在摘採茶葉時，為了不讓茶葉的尺寸大小混雜，所以

1.東昇茶行的店主粘阿瑞以熟練的手法沖泡紅茶。2.左方紅茶由大葉烏龍茶種製成，茶湯色深，口感濃郁。右方為金萱茶種製成之紅茶，茶液色淺，並帶有清香。3.粘阿瑞持有烘焙證照，綠茶餅便是她不斷研發改良口味製成的產品之一。4.東昇茶行的蜜香紅茶於2006年、2010年榮獲世界金牌獎，受到世界肯定！

會分為二次採茶進行管控，讓茶葉整體品質平均。摘採下來的茶葉，必須經過萎凋、揉捻、室內發酵等共36個小時的過程後才算完成。

蜜香紅茶茶湯呈琥珀色，香氣濃郁，甘醇順口，蜜一般的芬芳是其最大的特色。由於萎凋的時間掌握得宜，因此即使久泡也不會產生澀味，除了適合直接飲用外，做成冷泡茶更是芳醇爽口，也可以拿來調配成各式奶茶、調味茶。

而擁有許多餐飲類執照的粘阿瑞，勇於嘗試各種挑戰，並積極研發各類新產品。如在紅茶中加入新鮮柚花的柚香紅茶，還有以茶葉製成的酥餅等，口味新穎又美味。在這之中，將當地產的紅茶和咖啡結合，以絕佳的比例調配出「藏紅鴛鴦」最為特別。飲用時溫和順口，品嚐完咖啡的香味後，餘味又有紅茶的香氣，具層次感，外國的朋友更是形容為「嘴巴迷路了」。

東昇茶行過去也有製作其他品種的紅茶，粘阿瑞說：「其他區域的紅茶不管做得再好，最終也是別人的東西。所以必須發展出自我特色，有了自己的風格，才會被別人記住。」現在會有許多遊客特地來此品嚐及購買紅茶，間接帶動了花蓮的觀光產業。東昇茶行的茶葉採精緻化，維持穩定的品質，未來將朝有機認證的方向持續努力。

DATA

東昇茶行

花蓮縣瑞穗鄉舞鶴村中正南路二段256號
☎（03）8871-878
營業／08：00～22：00

國產紅茶尋訪 Taiwan 3 台東紅茶重要推手

新元昌紅茶文化館

新元昌紅茶文化館創辦人溫增坤在1966年到台東，
大大地促進發展了當地的紅茶產業。
而近幾年發展出的新興特色茶品「紅烏龍」，
使得台東紅茶產業得以再次復興。

新元昌紅茶產業文化館負責人溫吉坊，他堅持採用無毒栽培法，所種植的「紅烏龍」只使用嚴格挑選一心二葉的新芽。

帶動台東紅茶產業 新穎的茶種「紅烏龍」

「我的上一代為了推廣紅茶從新竹關西搬到台東知本，之後在1971年遷至鹿野鄉永安村開設了新元昌製茶工廠。」新元昌紅茶文化館的負責人溫吉坊，回想起過去父輩溫增坤的年代，眼神中透露出懷念的思緒。

1966年，有「台東茶葉之父」之稱的溫增坤，在台東縣政府農業局的邀請下，引進阿薩姆紅茶到台東種植，並創設了台東第一間製茶工廠「新元昌製茶工廠」。新元昌製茶工廠在鹿野生根四十

台東鹿野永安高台一帶是台東主要產茶的區域之一。

年，現在由溫吉坊接手，並在文建會的協助之下，於四十周年的2010年轉型為「新元昌紅茶產業文化館」，朝生產、體驗、教育與文化的方向發展。

新元昌紅茶產業文化館種植的茶區位於海拔高度300～500公尺的永安高台，高溫的氣候利於茶樹生長，而在生產的茶當中，最具特色的便是「紅烏龍」。這款茶湯色澤呈紅褐色，口感芳香甘醇，同時兼具紅茶的香氣和烏龍茶的口感，是過去台灣茶類沒有的滋味，因此命名為「紅烏龍」。

紅烏龍是茶業改良場台東分場利用茶菁原料，於2008年研究開發而成。溫吉坊表示，過去有一段時間台灣茶產業幾乎全偏向烏龍茶，紅茶一度呈現停擺狀態，被放置了將近20年。他說：「2005年時，我去參加台東大學茶藝社的活動，當時老師提到日月潭紅茶開始起步，過去台東鹿野也是紅茶的產區，所以我便決定也來重新開始試做紅茶，沒想到做出來後反應相當不錯。」

1.新元昌紅茶文化館栽種的茶種是小葉種的台茶12號，沖泡出的紅茶會帶有高雅清香。2.沖泡紅茶時從較高處倒入滾水較容易引發茶葉的跳躍運動。3.新元昌紅茶文化館的紅烏龍榮獲2010年頂級紅烏龍金牌獎，為相當受歡迎的一款茶。4.茶點搭配上混合茶葉一起製作的瓜子更添風味。

在栽種上，新元昌紅茶產業文化館使用小葉種的台茶12號，採取完全不噴灑農藥的無毒栽種法，溫吉坊表示，噴灑農藥會將土壤中的一些益菌殺死，讓紅茶的口感變差，所以他堅持不使用農藥，甚至為了避免附近田地噴灑的農藥飄過來，必須刻意做一個屏障來隔絕農藥。

製作時，紅烏龍的茶葉須以手工方式採摘，挑選出一心二葉之茶芽，之後進行萎凋和揉捻的過程。溫吉坊表示：「一開始茶葉還是做成條型，但由於包裝易碎，因此改變做法，將茶葉揉捻成烏龍茶般的形狀，沒想到只是揉捻過程不同，香氣整個大為轉變，口感也變得更好了。」

新元昌紅茶產業文化館所製作的紅烏龍，沖泡時香氣濃郁，口感滑順，並且具有一股特殊的甜味，除了適合直接飲用外，也非常適合冷泡，是獲得紅烏龍茶分級評鑑競賽多次金牌的一款茶。

1.新元昌紅茶文化館茶廠內部，可在此體驗製茶過程。2.紅茶文化館內的品茶區，木製的桌子帶來一種古早的品茶氣息。3.新元昌紅茶文化館的紅烏龍獲得了2011年紅烏龍分級評鑑競賽之金牌獎。

溫吉坊說：「過去台東的紅茶大量生產外銷，而現在改型走精緻路線，並且集結了13間店家，成立紅烏龍合作社『台東鹿野紅烏龍』。」自2009年農委會開始推廣，紅烏龍現在已經逐漸推展開來，這項茶品的開發，使得台東鹿野紅茶產業再次興起，並順應政府推廣之一鄉一特色，成為台東的特色茶。將台東茶業發展視為使命的新元昌紅茶產業文化館，也將持續為促進台東紅茶產業風氣及文化教育盡一份心力。

DATA

新元昌紅茶產業文化館

台東縣鹿野鄉永安村永安路451號
☎089-551016
營業／09：00～18：00
http://551016.ttcplay.tw/?ptype=info

Harrods

Benoist

FORTNUM
& MASON

MARIAGE
FRÈRES

品牌

具有悠久歷史的紅茶世界中，
存在著許多知名的品牌。
接下來介紹幾款值得熟悉的品牌，
可以品嚐及比較其中的美妙之處。

AHMAD TEA

DALLOYAU

WEDGWOOD

DAMMANN
FRERES

Mrs.Bridges

LIPTON

EAST INDIA
CAMPANY

日東紅茶

TWININGS

DILMAH

Janat

HEDIARD

極品！令人想嘗試的奢侈名貴紅茶

紅茶知名大圖鑑

Le Palais Des Thes

FAUCHON

HAMPSTEAD TEA

A.C.PERCH'S

MELROSE

TEEKANNE

TEA BOUTIQUE

英國歐式大吉嶺

嚴格精選出大吉嶺地區栽種的茶葉，經獨家配方混調而成。它是品牌旗下的經典商品，豐滿的香氣不負「紅茶中的香檳」美稱，令人感到溫潤的細膩澀味，是最大的特點所在。
100g NT$409元。

TWININGS

唐寧

伯爵茶的始祖配方就在這裡

自 1706 年湯瑪士．唐寧在倫敦創業以來，TWININGS 歷經 300 年以上的考驗，為紅茶文化的先驅者，時時刻刻不斷進化。

由肖像畫家賀加斯所繪的TWININGS創始人湯瑪士．唐寧。現任董事長史蒂芬．唐寧已經是第10代傳人。

領導紅茶界歷史長達300年的經典品牌

在提起TWININGS時，一定要說到的就是發明「伯爵茶」混調配方的偉業。雖然眾說紛云，但其由來正是19世紀擔任英國首相的格雷伯爵。當時，TWININGS公司會依顧客的期望提供客製化服務，格雷伯爵深深愛上中國使節團帶來的武夷山紅茶，為了追求這股滋味而來到TWININGS。但要得到珍稀的紅茶談何容易，反覆實驗之下，才終於呈現出將中國產的紅茶添加香檸檬的香味調成的茶品，輾轉便成了伯爵茶。

由TWININGS公司推出的這項配方，歷經170年仍傳承至今，隱藏著其他公司無法模仿的知識與技術。

1873年，TWININGS公司受維多莉亞女王欽點為皇室御用，從此盡心推出各式獨門配方的原創茶品。

洽詢：TWININGS台灣官網　http://www.twinings.com.tw/

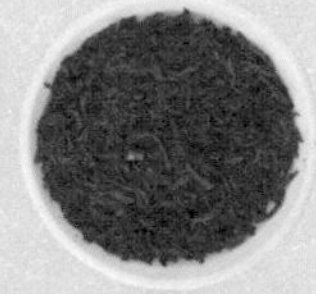

威爾斯王子茶

經過煙燻製造的混調茶品，其優雅的香氣和內斂的滋味為一大特徵。100g 945日幣。

伯爵茶

深愛紅茶的格雷伯爵，唯一允許冠上自己名諱的經典茶款，也就是元組伯爵茶，味道極為高貴優雅。100g 840日幣。

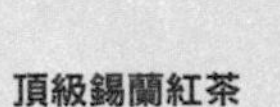

頂級錫蘭紅茶

在錫蘭紅茶中，經嚴格精選出品質優良的茶葉。華麗豐富的香氣和輕淡的口感，非常受歡迎。100g 998日幣。

頂級愛爾蘭早餐茶

兼具醇厚的口感和清晰味道的混調紅茶，在氣候嚴苛的愛爾蘭相當受到歡迎。100g 735日幣。

英國仕女伯爵茶

將伯爵茶加上檸檬果皮、矢車菊的花瓣，呈現出華麗的香氣，自發售以來就大受歡迎的一款茶。100g NT$409元。

頂級古典大吉嶺

特別講究收穫時期和莊園的大吉嶺，並只使用手工摘採的茶葉來製作。不論香氣、味道都獨樹一格。100g 1,155日幣。

RAN WATTE

使用來自斯里蘭卡標高最高的努瓦拉艾莉地區之茶葉製作，茶色淺淡，具有蘭花般馥郁而纖細的香氣，以及清淡爽口的後味。適合搭配各式餐點。125g 1,680日幣。

DILMAH

帝瑪

將新鮮的斯里蘭卡茶葉直接送到顧客手中

品牌名來自創始人
兩位兒子 Dilha 和 Malik 之名，
蘊含著「將茶樹視為親生孩子般呵護栽培」的心願。

右）被美麗大自然所包圍的莊園。左）創始人梅林．J．費南多本身就是一位優秀的試飲師。

懷抱對母國的思念 把大半輩子賭在紅茶上

為了將錫蘭紅茶豐滿的香氣和美妙的滋味傳達給每位顧客，DILMAH堅持在當地進行一貫式的生產，並自產地直接進口。茶葉的產地限定於斯里蘭卡國內，完全不使用任何其他國家產的茶葉來混調。

DILMAH的創始者梅林．J．費南多生長在錫蘭西海岸漁村。他是第一位出身錫蘭的試飲師，在紅茶出口業上獲得成就的他，夢想是將錫蘭產的新鮮茶葉，不經第三國轉出口，直接送至每個國家的顧客手中，讓獲得的利益能夠回饋在莊園的勞工們身上。為了實現這個夢想，他花了20年以上的時間，至1988年，澳洲才首度引進DILMAH品牌的茶葉。至今，DILMAH出品的茶葉，廣受全世界90個以上的國家所愛戴。

洽詢：DILMAH官網　http://www.dilmahtea.com/

other

茶包

右）經典商品「Dilmah Garden Fresh」（399日幣）。左）一般都用中國產的茶葉來製作的伯爵茶（NT$140元／25包），但在DILMAH一樣堅持使用錫蘭紅茶。

MEDA WATTE

使用產自聞名世界的斯里蘭卡古都康提的茶葉製作，味道自然，是一款讓人想天天都喝的紅茶。125g 1,680日幣。

UDA WATTE

圓潤的口感，適合搭配各式各樣的料理。使用的茶葉產自標高1200m以上的汀普拉地區。125g 1,680日幣。

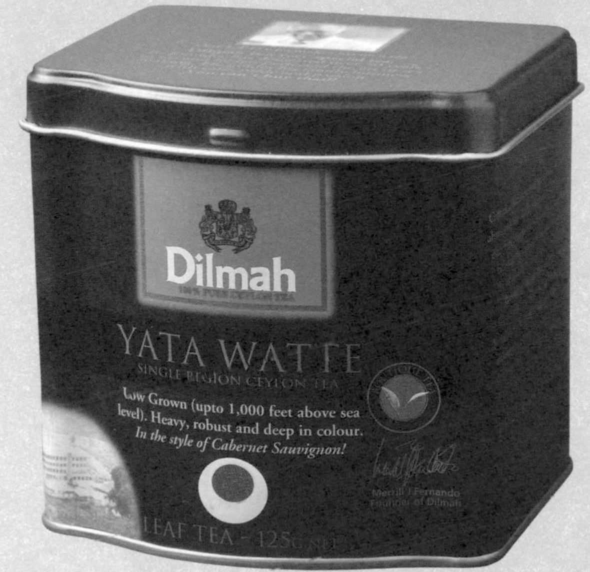

YATA WATTE

使用被熱帶雨林包圍的璐巫娜地區生產的茶葉所製作。澀味淺淡，特徵是帶有煙燻般的香氣。125g 1,680日幣。

伯爵茶

使用新鮮的香檸檬來添加調味，具有天然成分特有的新鮮香氣，特別與眾不同。除了適合直接飲用，加入大量牛奶，享受奶茶的濃醇也不錯。100g 1,890日幣。

Janat

創始者的心願
就是要收集世界上最美味的東西

品牌標誌上兩隻相依偎的貓，
正是以創始人 Janat 深愛的兩隻家貓為設計概念。

高級食材品牌
旗下產品相當多樣化

創始人Janat Dores，為了尋求最高品質的食材，不惜親自遠赴世界各國，一旦出門旅行，多半要花上好幾個星期才會回去。每當他回家，等候多時的兩隻愛貓，總是迫不急待地湊到門前迎接他。這兩隻貓不但能帶給Janat許多新靈感，同時也不斷激發他的能量，支持他開拓出更多新的領域。

Janat品牌長年來，陸續推出多項原創的獨家配方，充滿個性的變化感深深受人喜愛。Janat曾說：「我深愛的貓對我付出的忠誠，促使我的想像力無邊無際。就如同我所愛的食材及對顧客們的忠誠，正是我業務的根本。」希望藉由世界各地的美味食品，帶給顧客們幸福感受的精神，如今仍絲毫未變地一代代繼承下來。

洽詢：Janat官網　http://www.janatea.com/

特級大吉嶺

使用嚴格精選出來的夏季新芽、嫩葉所製作出的特級茶葉，夏摘茶特有的清爽香氣，直接飲用是最好的享受方式。200g 1,890日幣。

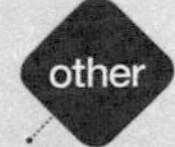

右）為了尋求美味食材而巡旅世界各地的Janat。左）Janat Gold系列在巴黎食品展SIAL中獲得特等獎。

茶包

麝香葡萄、焦糖等，能夠享受到各種口味紅茶的茶包類商品，一向很受歡迎。右下圖的純正錫蘭紅茶，連續兩年在TEA EXPO獲得金牌，是品牌自傲的優質商品。

大吉嶺

嚴格挑選高級的大吉嶺茶葉，製作出近似成熟水果般的馥郁香氣，以及甘醇甜美的紅茶。入口幾乎完全不澀不苦，每天喝也不膩，是HEDIARD的經典商品。125g 2,625日幣。

HEDIARD

上質茶葉的精華全部凝聚於鮮紅的茶罐中

1854 年 Ferdinand Hediard 在巴黎的瑪德蓮廣場開店時，HEDIARD 的歷史也隨之拉開序幕。

無論巴黎台灣 讓念念不忘的滋味

鮮艷搶眼的紅色鐵罐，讓人一眼就認出HEDIARD，它是美食國度法國屈指可數的高級食材公司。以紅茶為首，HEDIARD旗下的商品多達6千種以上。此外，一向注重傳統、品質以及創造性，只與各界頂尖品牌聯名的法國精品行業聯合會（Comite Colbert），也接納與HEDIARD之間的加盟，HEDIARD也是他們唯一的食材店會員。

HEDIARD的紅茶兼具了高尚的格調與經典性，超過百種以上的茶品陣容，茶葉出產的茶園皆經過選拔，採收後再經由知名調茶師之手處理。其中最受歡迎的是清新爽口的大吉嶺，以及加入西西里島產香檸檬的HEDIARD BLEND。誠品自1993年開始代理HEDIARD的產品，除了各式上等茶葉外，也能購買到果醬、糖果餅乾、巧克力等世界級美食。

洽詢：誠品食尚網 ☎（04）2328-1000#1340 http://www.eslitegourmet.com.tw/inpage.htm

早餐茶

以強烈味道聞名的阿薩姆，加上香氣出眾的錫蘭紅茶混調而成。清爽的滋味，最適合用來喚醒早晨。125g 1,785日幣。

四水果茶

奢華地使用櫻桃、草莓、覆盆子、紅醋栗四種紅色莓果調味，酸中帶甜的香氣，也很適合用於調製冰紅茶。125g 2,100日幣。

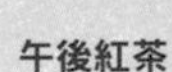

午後紅茶

具有芳醇香氣和濃厚口感的錫蘭紅茶，連茶色都美不可言，讓人覺得「這才叫做紅茶」。想要打發悠閒的午後時光，不妨試試它。125g 1,785日幣。

HEDIARD特調紅茶

以中國產的茶葉為底，混調後再添加香檸檬、柑橘等香料，建議可細細品味直接飲用時的豐美香氣。125g 2,100日幣。

NO.18
喬治亞特調

將阿薩姆、大吉嶺、錫蘭三款茶以絕妙的平衡混調而成。直接飲用或添加牛奶都能呈現絕佳美味的萬能紅茶。在倫敦哈洛德百貨的餐廳裡也可點用。125g NT$600元。

Harrods

哈洛德

號稱「什麼都有賣」的超知名品牌

既是世界上最知名的百貨公司，也是倫敦的代表性地標之一。
哈洛德百貨在創業當時，其實是以紅茶為銷售主業。

在多達170款茶品中細細找尋內心的真愛

哈洛德可說是世界上最具代表性的百貨公司，以「為所有人將任何的東西，送至世界各個地方」為主要宗旨。1849年，創始人查爾斯．亨利．哈洛德剛開立自己的店鋪時，只是一家銷售紅茶的小食品行，而在歷經一場幾乎燒光一切的火災後，哈洛德以優良且迅速的善後處理，博得了顧客們深厚的信賴，建立了哈洛德百貨未來的成功之路。後來再開設擴大規模的新店面，正是現今哈洛德百貨的原型。

哈洛德一向致力於紅茶市場，以多達170種以上的各式茶品為傲，像是針對各種場合設計的混調紅茶等。旗下的大吉嶺一律採用夏摘的高級茶葉，其他的茶葉也都由專屬的採購員親赴世界各地的莊園，經過仔細試飲認證後才進行採購。

洽詢：Harrods台灣官網　http://harrods.skm.com.tw/

玫瑰花果紅茶

使用最適合製作調味薰香茶的中國茶葉，加上許多玫瑰花瓣，呈現出華麗的馨香。125g NT$550元。

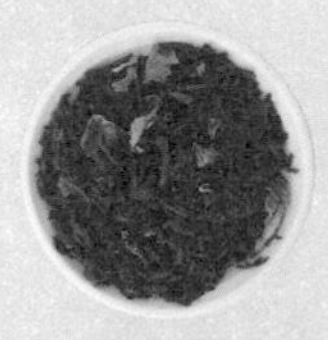

阿薩姆（哈朱亞莊園）

在時下大多以CTC製程製作的風氣下，哈朱亞莊園仍堅持生產葉片茶，也使得哈洛德此款阿薩姆紅茶能呈現出更具個性的味道。125g NT$550元。

蘋果花果紅茶

將中國產的茶葉加入碎蘋果乾混調，酸酸甜甜的口味添加蜂蜜更顯美味。125g NT$550元。

NO.14英式早餐茶

以產自大吉嶺、阿薩姆、錫蘭及肯亞的茶葉混調，就算每天喝也絲毫不會覺得膩。125g 1,890日幣。

伯爵花香茶

以中國和錫蘭的茶葉，添加佛手柑和矢車菊的花瓣調成，東方風味的香氣令人著迷。125g NT$550元。

英式早餐茶

主要使用產自印度的茶葉，採取傳統的混調方式，是招牌人氣商品之一。建議使用足夠的牛奶來沖煮，調製皇家奶茶或加入香料調成印度奶茶。60g 735日幣。

06
Tea's Brand

Benoist

貝諾亞

風靡皇室家庭
來自馬須．貝諾亞的稀世才華

廣受英國上流階級支持的高級食材品牌，
曾經獲得皇室與貴族肯定的傳統，一脈相傳至今。

創始人馬須．貝諾亞在法國皮卡迪利圓環開設的店鋪，現今以綜合食品行的模式經營中。

重視新鮮度 堅持少量販售

19世紀中葉前後，有如傳說般的天才主廚馬須．貝諾亞，自法國前去英國，並開設了一個高級食材品牌。不但廣受英國上流階級支持，據說過去甚至曾上貢許多商品給英國皇室。之後，Benoist因為在著名的日本電視連續劇中登場，一躍成為知名品牌。

Benoist公司透過採購員於印度或斯里蘭卡具信用的莊園採購茶葉。此外，考量到紅茶的滋味與茶葉的新鮮度，Benoist的紅茶一律採取能夠很快喝完的60g小量包裝。Benoist也貼心準備了罐裝茶葉、補充包兩種選擇，對消費者來說相當具有魅力。

再者，Benoist受歡迎的還有下午茶之中不可欠缺的司康餅，簡單樸素的味道，和芳香的紅茶搭配在一起最相得益彰，請務必一試。

洽詢：Benoist官網 http://www.benoist.co.jp/

蘋果紅茶

使用口味大眾的橙毫錫蘭做底，再加入許多青蘋果切片的調味茶。60g 1,050日幣。

阿薩姆紅茶

這款茶含有珍稀的黃金毫芽，香氣濃烈逼人，具有濃厚的口感，入口甘甜，暗紅的茶色美不可言。60g 1,155日幣。

大吉嶺伯爵茶

使用大吉嶺茶葉製作而成的伯爵茶味道豐盈，充分呈現出大吉嶺特有的濃郁芬芳。60g 1,050日幣。

單品大吉嶺紅茶

彷彿麝香葡萄般的濃厚果香，圓潤的澀味，據說許多愛好者只指名Benoist的大吉嶺。60g 1,260日幣。

優質大吉嶺

僅使用知名的茱巴拿莊園（Jungpana）精心栽培的茶葉製作，茶色較淡，不過具有無可比擬的馥麗香氣。60g 1,890日幣。

大吉嶺BOP

由栽種在海拔2,000m以上的高地大吉嶺茶葉混調而成，風味飽滿。茶色略為偏紅，口感清淡並帶溫潤香氣，細膩的滋味值得細細品嚐。125g 2,100日幣。

FORTNUM & MASON

多彩多姿的豐富變化性以及俐落的味道

創始人 Fortnum 原本是侍奉 18 世紀英國女王安妮的皇室僕從，後來在主人 MASON 的邀請下獨立創業。

自小店面起步 倫敦皮卡迪利的知名店家

FORTNUM & MASON 由 William Fortnum 和 Hugh Mason 兩位青年白手起家，是1707年開幕的品牌，至今雖已是倫敦首屈一指的高級食品行，但在創業之初，也只是一家小小的食品雜貨店。不過，當初 FORTNUM & MASON 由於展示櫥窗布置得別出心裁，總是吸引許多行人停下腳步，再加上店內的商品陣容通常在別處難得一見，很快地便嶄露頭角，一躍成為熱門的品牌。

FORTNUM & MASON 特別講究的紅茶商品，為當時的安妮女王所愛用，優美而俐落的味道，是品牌最大的驕傲，也經常被用來做為致贈給重要對象的禮物。

2007年 FORTNUM & MASON 在創業三百周年紀念時，特地將位於皮卡迪利圓環的總店進行大幅改裝，迎接新的氣象。

洽詢：FORTNUM & MASON官網　http://www.fortnumandmason.com/

安妮女王

1907年正值FORTNUM & MASON創業200周年時，冠上英國女王安妮之名發售的紅茶。以阿薩姆做底，口感醇厚。125g 2,100日幣。

綠茶（茉莉口味）

將福建省產的茶葉和剛綻放的茉莉花瓣混調製成，醇美的茶中增添芬芳。125g 3,150日幣。

調味薰香茶（草莓口味）

將水果和紅茶以最相得益彰的比例調配而成，洋溢著水果特有的新鮮氣息。125g 3,150日幣。

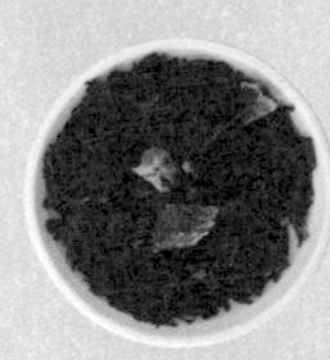

煙燻伯爵茶

將數量稀少的正山小種茶葉，以松木煙燻後，再添加香檸檬的獨特茶品。125g 3,150日幣。

皇家特調

在眾多獨家配方中最受歡迎的一款茶，1902年時為了祝賀愛德華七世繼位而發售。125g 1,890日幣。

法式藍伯爵茶

以中國產的茶葉做底，依據獨家配方調製出深具法國風味的優雅伯爵茶，別具格調。摻在茶葉間的寶藍色BLUET花瓣，呈現出華麗非凡的視覺效果。100g 2,520日幣。

MARIAGE FRÈRES

瑪黑兄弟茶

聞名世界、歷史悠久
法國老字號紅茶店

世界知名的 Mariage Frères，只要說起法國的紅茶，指的絕對是它。

右）1854年時的店內樣貌，創立者亨利·瑪黑正於店內。左）當時開於巴黎瑪萊區的店也有和知名的食品店交易。

商品時時推陳出新
為人們帶來無限享受

法國最具歷史的紅茶專門店Mariage Frères，品牌名的意思是「瑪黑家的兄弟」，顧名思義，這是由亨利及愛德華這對兄弟聯手開創的品牌。「略過Mariage，就無法敘述法國的紅茶歷史。」Mariage Frères 正是對法國紅茶文化做出無比貢獻的企業之一。1854年初創業時，在瑪萊區建立的門市，至今仍然持續營業中，來自各國紅茶愛好者前往朝聖的腳步絡繹不絕。

Mariage Frères 從印度、中國產的茶葉開始，自多達35個國家的莊園中精心篩選出優質的茶葉，並針對各個季節、場合，活用各地茶葉的特性來製作調味薰香茶或混調茶品，展現500種以上的豐富茶品，絕無僅有的獨特滋味，甚至可說是藝術。

洽詢：Mariage Frères官網　http://www.mariagefreres.com/

other

禮盒組

以受歡迎的茶品搭配而成的禮盒類商品，種類豐富。圖片左邊為「紅茶贈禮NGS-1C」（3,150日幣），右邊則是紅茶和茶壺的禮盒組（7,350日幣）。

聖誕茶

柑橘、肉桂香氣濃厚，具有甘甜香料味道的季節性商品，每年的設計和味道都會改版。90g 3,150日幣。

法式早餐茶

非常受歡迎的經典混調茶品，華麗的香氣配上含蓄內斂的味道，飲用時還有豐盈的甘甜。90g 2,625日幣。

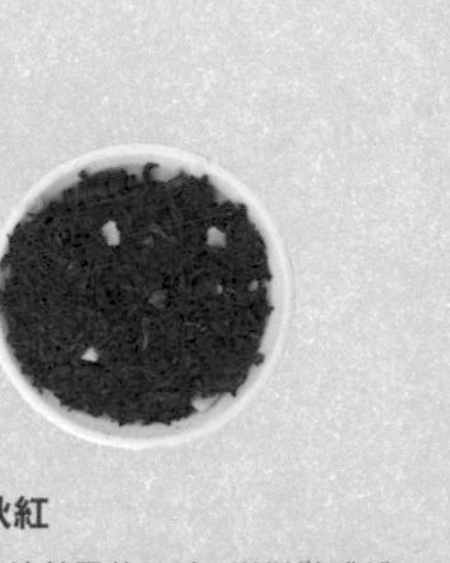

秋紅

蜜汁甘栗的口味，洋溢著濃濃的甜香，很適合沖煮奶茶。這款茶品也是每年的味道和包裝都會改版。90g 2,940日幣。

皇家伯爵茶

在Le Palais Des Thes推出的伯爵茶中，使用最濃郁的香料調製而成的混調茶品，味道香當強烈。充滿個性的香氣，適合在想要換換心情、提振一下精神時飲用。另外也可以沖調奶茶或冰紅茶。125g 3,150日幣。

Le Palais Des Thes

追求最高品質，同時也最美味的紅茶

店名是法文「茶館」的意思，
充滿魅力的各式茶品，使用了專業行家才能寫成的配方調製而成。

紅茶專家為了紅茶老饕所開設的茶館

Le Palais Des Thés位於巴黎蒙帕納斯，當初是由50位紅茶的專家、愛好家，為了追求更高品質的紅茶而設立。在1987年創業時，為了確保茶葉的鮮度和品質，不惜親赴20幾個國家的生產地進行嚴格的採購。此外，他們活用茶葉本身特色製成的各種調味薰香茶，廣受全世界的歡迎。

茶樹原本就是一種非常纖細的農作物，天候或莊園的地勢等環境條件都會大幅影響到茶葉的味道。所以，每次出產的茶葉都會有所不同，即使是曾經交易過的莊園，下一次的品質也未必值得信賴。因此，Le Palais Des Thés會定期造訪產地，反覆進行試飲，以嚴選出真正優質的茶葉。請一定要親自試試由聲名遠播的專家所認證的味道。

洽詢：Le Palais Des Th　s官網　http://www.palaisdesthes.com/fr/

碧綠之山

由草莓、藍莓及薰衣草調香的茶葉，混入矢車菊花瓣後，展現出甘甜清新的香氣。100g 1,785日幣。

小品

栽種於鄰近大吉嶺地區的茶葉，飲用時具有新鮮豐沛的香氣，以及深度非凡的口感。50g 1,365日幣。

頂級雲南茶

使用產自中國雲南省的珍稀茶葉，圓潤滑順的口感，味道既濃郁又具深度，被形容為「紅茶中的摩卡」。100g 2,620日幣。

俄式柑橘調味茶

使用甜橙、中國柑橘等七種柑橘來調香，味道清涼爽口，喜歡柑橘系口味的人不能錯過。100g 2,163日幣。

大吉嶺
Margaret's Hope

使用位於大吉嶺南部地方的Margaret's Hope莊園所生產的夏摘茶葉，這款茶最吸引人的部份，是能夠享受到麝香葡萄般的優雅香味，以及堅果般的香醇滋味。100g 3,150日幣。

10
Tea's Brand

FAUCHON
佛尚

經常進行新挑戰
隨時代不斷進化的傳統老字號品牌

FAUCHON 現在轉型為全方位的食材品牌，商品涉獵之廣，連法國人都說：「在 FAUCHON 沒有買不到的東西。」

運用嶄新的想像力 為法國的紅茶文化做出貢獻

1856年，奧古斯都．佛尚在巴黎的瑪德蓮廣場開設小小的蔬菜店門市，他的經營原則就是「提供顧客別處買不到的高級食品」以及「足以滿足美食家任何癖好的商品陣容」。

其中，紅茶就是FAUCHON自創業以來不斷投注熱情培養的商品之一。它不僅十分講究茶葉的品質，還企劃了許多獨特的調味薰香茶，像是1960年代時推出加了水果的茶品、1970年代在各種茶葉之中加進了許多不同的花瓣等。從外觀到味道都極具深度的調味薰香茶，風靡了整個巴黎的美食家。接著，1998年時FAUCHON又有驚人之舉，發明了以極薄的尼龍布製成的茶包，被稱為「水晶茶包」，既能不損及纖細的茶葉，又能確實地萃取出茶葉的甘甜美味。

巴黎吾愛

阿薩姆充滿男性感的強烈口味，加上令人聯想到優雅女性氣質的玫瑰花香，茶葉裡也摻有些許玫瑰花蕾。100g 2,415日幣。

歡樂慶典

紅茶、綠茶加上紅花、矢車菊的花瓣混調而成，再加上檸檬和莓果的清爽香味，呈現出內斂的香氣和味道。100g 2,415日幣。

誕生茶

在茶葉中加入薄荷、葵花，另外再以迷迭香、奶油來調香。這是一款以生日蛋糕做為混調概念的茶品。100g 2,625日幣。

錫蘭B.O.P.紅茶

混調產自錫蘭低地與高地地區的茶葉，香氣強烈，純澈直接的味道適合直接飲用。100g 2,100日幣。

伯爵花香茶

伯爵茶中再加上矢車菊的花瓣，展現出洗練的優雅香氣，令人印象深刻。飲用時能讓人的心情也隨之沉靜。100g 2,415日幣。

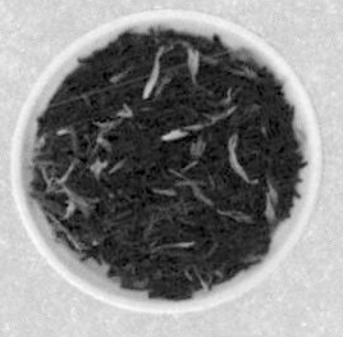

11
Tea's Brand

在丹麥
最多人飲用的紅茶

丹麥王室所御用的紅茶，
香氣高貴優雅，
連包裝都美不勝收。

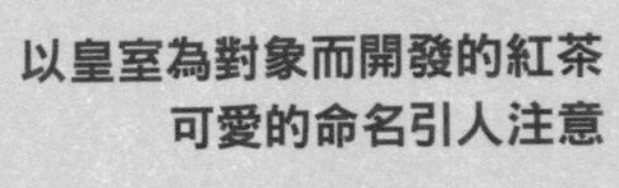

以皇室為對象而開發的紅茶
可愛的命名引人注意

A.C. PERCH'S為北歐最古老的紅茶專門店，已刻劃長達170年的歷史。同時它也是丹麥王皇室御用、受皇室家庭熱愛的知名品牌。當大不列顛帝國在1834年全面解散東印度公司，原本僅在上流階級流通的紅茶文化，瞬間蔓延開來，A.C. PERCH'S也於同年創立。20世紀初，A.C. PERCH'S成為許多人愛喝的紅茶，不僅在各國機場、咖啡廳、一般家庭中飽受愛戴，連皇室召開茶會時，也用A.C. PERCH'S的紅茶招待各界要人。

妖精羽尾

以檸檬和西洋木瓜花增添酸甜滋味的調味薰香茶，是以北歐活潑可愛的妖精為混調主題，在女性間非常受歡迎。
100g 2,415日幣。

王妃特調

於調香過後的伯爵茶中，混入珍稀的綠茶「平水珠茶」。優雅的香氣，受到丹麥王妃的喜愛。
100g 2,625日幣。

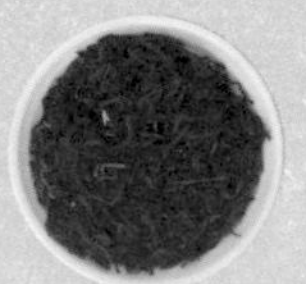

晨間紅茶

用阿薩姆和錫蘭茶葉混調成的晨間紅茶，在A.C. PERCH'S中歷史最久，同時也是人氣很高的茶品之一。
100g 2,310日幣。

other

美麗的包裝

印有華美圖案的薄薄紙張包住整個紅茶罐，再以綠色的繩子綁好，甚至還附有提把，精緻得教人捨不得拆開。

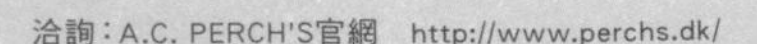
洽詢：A.C. PERCH'S官網　http://www.perchs.dk/

MELROSE
梅爾羅斯

傳統的風格與長年培養的技術 深受許多人喜愛的品牌

當東印度公司解散，
貿易開始自由化，
MELROSE 便馬上與中國的茶莊進行交易。

格紋的包裝 讓人感到深深的英倫氣息

創始人安德魯·梅爾羅斯天生具有優異的商業才能，自22歲擁有自己的店面以來，一直以紅茶銷售活躍於業界。為了能進口更新鮮的茶葉，他讓自己的長男威廉長年留居於中國，另一方面更投注心血研發能降低鮮度流失的運送方式。在1865年，身兼名試飲師與調茶師的約翰·麥克米蘭加入了MELROSE公司。MELROSE在繼承他提出的配方及傳統技術之餘，仍不段精鍊紅茶的滋味，令現在世界各地的紅茶熱愛者垂涎。

阿薩姆

僅使用採自印度阿薩姆地方的優質茶葉，茶色呈美麗的琥珀色，口感圓潤順口。甘甜的香氣讓飲用者感到身心舒暢。120g 1,155日幣。

皇后大吉嶺

使用等級相當高的大吉嶺茶葉製作，由極巧妙的混調技術孕育出的香氣，格調高尚優雅，是MELROSE的代表性茶品。120g 1,575日幣。

英倫早餐茶

以錫蘭和阿薩姆紅茶搭配，一開始就以除了直接飲用之外，也能適合沖調奶茶的構想調配。濃醇的口感令人印象深刻。120g 1,050日幣。

茶包

MELROSE的招牌商品之一，單獨的包裝讓人在任何時候都能輕鬆享受紅茶。系列商品中以錫蘭紅茶（圖上）和皇家奶茶（圖下）最具人氣。

other

洽詢：MELROSE官網 http://www.typhootea.com/melrose/index.html

AHMAD TEA

亞曼紅茶

由紅茶專家所開的沙龍 在業界引起了熱烈討論

在英國深造紅茶混調技術的亞曼．艾弗沙，1953 年所創立的紅茶品牌。

伯爵茶

AHMAD TEA中最受歡迎的商品，使用斯里蘭卡的茶葉添加香檸檬風味製成，具有豐盈的香氣與稍帶煙燻氣息的滋味。100g NT$280元。

成為推廣紅茶文化的契機 英國一般大眾都能享受的紅茶

AHMAD TEA創始者亞曼·艾弗沙遠赴能夠生產出優質茶葉的亞洲，針對選茶及發酵的方法深入研究，並將茶葉進口至英國。1980年代的經營者拉希姆·艾弗沙則再度將重心移至英國，開設了紅茶沙龍。AHMAD TEA率先將當時僅有上流階級才能享受到的昂貴紅茶，以平實的價格提供給大眾，使許多人都能輕易一嚐紅茶的美味，評價自然也就水漲船高，之後並應顧客們要求推出罐裝茶葉。直至今日，AHMAD TEA仍是英國非常受歡迎的紅茶。

茶包

將四種招牌商品組成的綜合特調紅茶（圖片前方，NT$150元／20包），將四種水果口味的茶品集結起來的綜合水果茶（圖片後方，NT$150元／20包）。

other

城堡典藏 溫莎大吉嶺

在大吉嶺地區產的茶葉中，僅使用嚴選過的春茶及夏摘茶茶葉製作，具有細膩而清爽的後味。100g 1,785日幣。

水蜜桃 百香果紅茶

甜美的熱帶口味，深受女性歡迎。配上水果塔或使用當季新鮮水果的甜點，特別對味。100g 840日幣。

洽詢：AHMAD TEA官網　http://www.ahmadtea.com/

14 Tea's Brand

DALLOYAU

達洛優

連許多的著名人士
也頻繁出入的知名品牌

自拿破崙時代起
一路沿襲至今的法國老字號品牌。

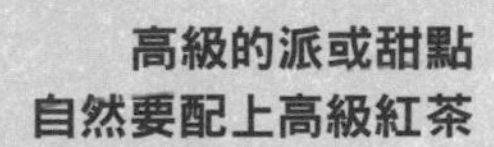

高級的派或甜點
自然要配上高級紅茶

DALLOYAU在法國是來歷顯赫的品牌之一，在台灣大眾可能對它的甜點較有印象。DALLOYAU創立於拿破崙統治時期的1802年，如同19世紀前半出版的小說當中，它經常出現的形象——「老饕愛去的店家」，事實上DALLOYAU確實受到許多名流的熱愛。雖然旗下的紅茶商品種類並不多，但其品質與美味仍廣受眾人所稱道。當然，DALLOYAU的紅茶和自傲的派、馬卡龍等各式甜點，是最無可取代的絕配。

錫蘭紅茶

美妙的香氣，漂亮的茶色和永遠喝不膩的味道，讓這款嚴選錫蘭紅茶在DALLOYAU成為最受歡迎的茶種之一。125g 1,890日幣。

周末

加進許多矢車菊與向日葵的花瓣，調製出格調優雅的香氣，這是DALLOYAU極具自信的茶品。125g 1,680日幣。

蘋果紅茶

將錫蘭紅茶加上蘋果風味製成的調味薰香茶，受到許多女性喜愛。125g 1,680日幣。

大吉嶺

具有澄澈的香氣，芳醇的麝香葡萄口味，為一款適合搭配各種料理和甜點的逸品。125g 2,310日幣。

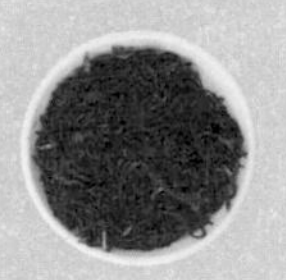

Dalloyau

使用優質茶葉添加檸檬和柳橙的香氣混調而成，是DALLOYAU的獨家特調口味。125g 1,890日幣。

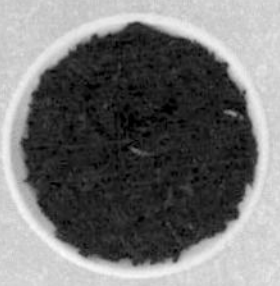

洽詢：DALLOYAU官網 http://www.dalloyau.fr/

WEDGWOOD

瑋緻活

聞名遐邇的英國陶磁器品牌

閃耀美麗乳白色光輝的骨瓷，對英國的紅茶文化也造成了影響。

和美麗瓷器相互輝映味道高貴的優質紅茶

被尊稱為「英國陶瓷工藝之父」的約書亞．瑋緻活，於1759年創造了WEDGWOOD。無數造型優美並充分考量到使用方便性的陶瓷器，不知襯托了多少料理，豐富了多少餐桌。以獨家配方混調而成的紅茶，不斷追求著足以和美麗陶瓷器匹配的高貴味道。

伯爵茶

用中國紅茶和錫蘭紅茶混調後，添加香檸檬風味，展現出極度唯美的芬芳，優美的茶色，在陶瓷器襯托下更顯華美。125g 1,995日幣。

英式早餐茶

將產自阿薩姆、肯亞、斯里蘭卡的茶葉混調而成，具有能讓人清醒過來的豐潤香氣。125g 1,575日幣。

WEDGWOOD原味茶

使用印度優質莊園手工摘取的茶葉。不僅適合直接飲用，更適合沖調成奶茶。125g 2,625日幣。

洽詢：WEDGWOOD台灣官網 http://www.wedgwood.com.tw/

DAMMANN FRÉRES

達曼兄弟

俄羅斯調味茶

將英國誕生的伯爵茶，變得更具法國風味，活用柑橘系香氣來呈現出高貴滋味。100g 1,890日幣。

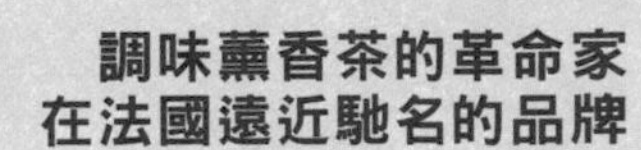

調味薰香茶的革命家 在法國遠近馳名的品牌

將伯爵茶配合法國人喜好，重新調製成的「俄羅斯調味茶」，是品牌旗下的暢銷品。

由法國紅茶的先驅者提出 洋溢著獨創性的調味薰香茶

1692年，自路易14世頒賜法國國內紅茶的獨家交易權以來，DAMMANN FRÉRES便和法國的紅茶文化攜手並進。只要說到DAMMANN FRÉRES，就不能不提起讓·雅克·拉豐，出自他手中的革命性調味薰香茶，引來了世界各國的注目。

四莓果水果紅茶（No.4）

錫蘭紅茶加上覆盆子、紅醋栗等4種紅色莓果，添加酸甜的香氣。100g 1,890日幣。

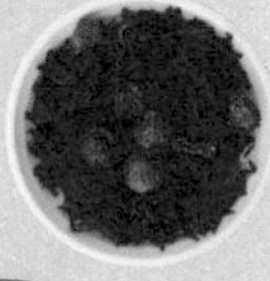

東方風味茶（No.2）

使用中國綠茶加入鳳梨、百香果、矢車菊等香氣，極具DAMMANN FRÉRES風格的混調手法。100g 1,575日幣。

洽詢：DAMMANN FRÉRES官網 http://www.dammann.fr/

HAMPSTEAD TEA

漢普斯敦有機茶

採取有機栽培的茶葉 特有的自然風味

1997 年誕生的新紅茶品牌，
旗下的伯爵茶，
在 2009 年時榮獲天然有機食品獎。

堅持使用大吉嶺 天然有機茶葉品牌

以試飲師身分活躍16年時光的基蘭．塔瓦迪，於1997年創立了HAMPSTEAD TEA品牌，並與栽種大吉嶺歷史最悠久的馬卡巴里莊園合作。馬卡巴里莊園同時也是英國皇室的御用農園，旗下推出的天然有機茶葉，一律不使用化學肥料或農藥，採取生機互動農法（Biodynamic）的製程，以英國的高級百貨公司為首，受到世界各國的喜愛。

大吉嶺

馬卡巴里莊園專精的大吉嶺，新鮮滋味入喉之後，水果般的香氣在口中蔓延開來。100g NT$600元。

other

茶包

玫瑰果扶桑花紅茶（圖上）、檸檬薑茶（圖左）、印度風香料茶（圖右）的茶包組合。每盒20包裝672日幣。

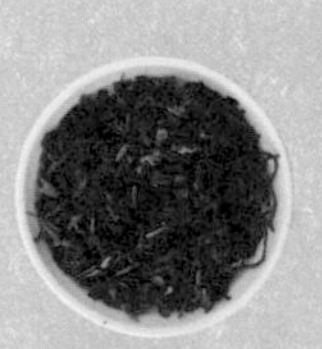

伯爵茶

使用西西里島產的香檸檬萃取成天然香精油，用來為紅茶調香，呈現出純澈乾淨的味道。

洽詢：仁碩國際　http://www.hampsteadtea.com.tw/

TEEKANNE
恬康樂

刻劃125年 悠久歷史的德國老字號

專精花草茶的品牌，
因「Pompadour」系列而聞名。

廣受萬人愛戴 正統派的紅茶

發明了被稱為「Double Chamber」的袋型茶包，TEEKANNE的豐功偉業也隨之流傳開來。紅茶類有伯爵茶、大吉嶺等三種正規茶品，雖然只以茶包型態發售，但每個茶包都有鋁箔包裝，足以保存新鮮原味。

英式早餐茶（20包裝）

以各種茶葉混調而成的獨家配方，令人懷念的茶味，也適合沖調奶茶飲用。525日幣。

英式伯爵茶（20包裝）

用天然的香檸檬油進行調香，風味飽滿的正統派伯爵茶。NT$165元。

TEA BOUTIQUE

誕生於德國漢堡 頂級的品牌

運用優異的混調與調茶技術，
推出各式各樣的茶品。

使用優質茶葉製作 深受許多人歡迎的調味薰香

一般來說，調味薰香茶大多使用BOP或BOPF等級的茶葉製作，而TEA BOUTIQUE堅持只使用頂級的OP級茶葉。嚴選出大小相仿，茶色優美而香氣持久的茶葉。由於商品的原料是直接沖煮就很好喝的茶葉，因此也深受紅茶愛好家們歡迎。

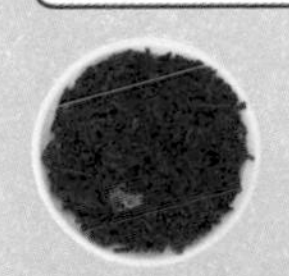

紅蘋果茶

以錫蘭混調蘋果後製成的酸甜清爽口味。45g 609日幣。

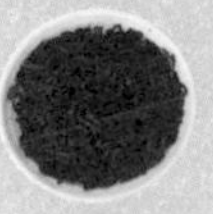

玫瑰紅茶

茶葉中混有許多玫瑰花瓣，香氣在在撩撥人的五感。45g 609日幣。

洽詢：TEEKANNE官網　http://www.teekanne.com/
洽詢：TEA BOUTIQUE官網　http://www.teaboutique.ca/index.html

Mrs.Bridges

布莉姬太太

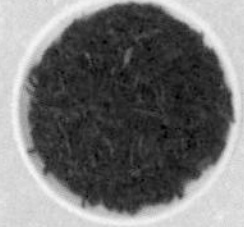

大吉嶺

經典的大吉嶺紅茶具芳醇的香氣，甘甜和澀味的平衡感也很好。90g 1,260日幣。

品牌的主旨是英式的「家庭風味」

Mrs. Bridges 除了紅茶外，長年來也推出各式商品。

品牌的原型出自戲劇的角色

以英國影集「樓上樓下」裡的布莉姬老太太為概念的品牌，劇中負責為上流階級一家料理三餐的布莉姬老太太極受觀眾喜愛。Mrs.Bridges對農園進行確實的管理，嚴選出優質的茶葉。除了紅茶外，也推出自製調味料、果醬等商品，販售種類繁多。

午後紅茶

用印度、斯里蘭卡的茶葉混調而成，味道輕淡順口。90g 1,050日幣。

---

20 Tea's Brand

21
Tea's Brand

LIPTON

立頓紅茶

種類豐富的茶包

從圖片中間的經典款黃牌立頓紅茶為首，立頓開發了各式各樣不同風味的茶種。

家喻戶曉的國際性紅茶品牌

每天喝也不會膩的味道，低廉的價格受到全世界的歡迎。

將紅茶文化發揚光大的立頓紅茶

立頓紅茶在1871年由貴族湯瑪斯·立頓創立，現今是廣受世界150多個國家所愛的品牌。湯瑪斯·立頓早期就擁有專屬的莊園，致力於開發配方，不斷創新做法，長年獨步紅茶業界。他對紅茶的熱情傳承至今，促使立頓紅茶全力專注於開發、研究新的紅茶商品。

洽詢：Mrs. Bridges官網　http://www.mrsbridges.co.uk/
洽詢：聯合利華　http://www.unilever.com.tw/aboutus/

EAST INDIA CAMPANY
東印度公司

第一莊園　阿薩姆

使用第一家創立的莊園生產的茶葉製成，具有強烈的香氣和味道。125g 1,680日幣。

皇家早餐紅茶

以BOP和OP等級的茶葉混調，這是在1664年上貢給查爾斯2世的茶品。125g 1,680日幣。

1664年時 上貢給查爾斯2世 風靡英國上流社會的紅茶

東印度公司是讓紅茶文化推廣至全世界的契機

關於紅茶貿易的一切 都起源自東印度公司

伊莉莎白1世於1600年設立了東印度公司，是將紅茶文化推向全世界的最大推手。有一段時間甚至發展出政治實力，最後於1874年解散。現在的東印度公司，是經過英國標章管理處的許可後，為了銷售紅茶而組成的新公司。

日東紅茶

豐富的商品陣容

除了圖片中的茶包、茶葉，還有即溶茶包等，開發出的商品類型不勝枚舉。

產品種類繁多 誕生於日本的紅茶品牌

日本首度引進茶包自動包裝系統的品牌

想將紅茶文化推廣開 這心願從未改變

日東紅茶誕生於1927年，是日本首個紅茶品牌。想將昂貴的高級紅茶推廣到一般家庭中，長年進行各種嘗試，領導著日本的紅茶文化。同時深入研究對兒茶素等茶葉中物質的效用，在機能性研究的領域裡，締造了莫大的豐功偉業。

洽詢：EAST INDIA COMPANY官網　http://www.theeastindiacompanyfinefood.com/
洽詢：日東紅茶官網　http://www.nittoh-tea.com/

紅茶的魅力

t Guide

Chapter 01
TEA磯淵×COFFEE崛口
從紅茶界巨頭的對談中一探究竟！
徹底探索「紅茶的樂趣」！ 116

Chapter 02
瞭解茶葉的個性，活用其特色
第一次的紅茶試飲與鑑定術 122
探討紅茶、綠茶之間的差異
紅茶知識基本入門 126
紅茶的產地—Terroir in Tea 129
印度 大吉嶺／阿薩姆／尼爾吉里
斯里蘭卡 汀普拉／烏瓦
努瓦拉艾莉／康提／璐巫娜
其他 中國／肯亞／爪哇／日本／台灣

Column
前往深入「午後紅茶」開發部門！
自堅持味道的專家作業中
找尋美味紅茶的真諦 150

Would you like a cup of tea?

完全導覽！

紅茶自中國發祥以來，受全世界百餘國大眾喜愛。
而今，紅茶的世界也迎來了新氣象，
紅茶的魅力到底在哪裡，
讓我們請教紅茶研究家磯淵猛吧！

Perfec

Chapter 03

由紅茶研究家磯淵猛傳授最新的沖泡法！
醞釀一杯完美紅茶所需的7大沖煮理論 154

01 任何人都能做到的好喝紅茶「速成」沖煮法
02 用對方法，茶包也能沖泡一杯絕頂紅茶！
03 奶精和砂糖的選擇方法
04 和平常喝的紅茶完全不同！手調紅茶配方
05 軟水還是硬水？水該怎麼煮？
06 正確保存茶葉的方法
07 茶具就該這樣挑

Column
享用美味紅茶的同時
尋根溯往，回顧紅茶的歷史 162

Perfect Guide

Chapter >>> 01

從紅茶界巨頭的對談中一探究竟！

徹底探索「紅茶的樂趣」！

一般人對紅茶的印象，常是由美麗的茶杯、茶壺組成的優雅世界，但事實上，紅茶是沐浴在陽光與微風中，在田裡長大的農作物。現在我們就向紅茶研究家磯淵猛，一探紅茶魅力的真諦！

1.紅茶和咖啡，不同的觀點，讓兩位都在研究嗜好品的人一聊不可收拾。他們兩位都有發行著作、進行演講，活躍的層面非常相近。2.紅茶專賣店Dimbula的店員全部都是女性。3.Dimbula位於大廈的二樓，柔和的光線自偌大的落地窗照遍了室內。4.店內除了茶飲服務之外，也有販售茶葉。

廣受世界126個國家飲用的紅茶，但和咖啡相比之下，仍會讓人覺得較為冷門，現在就來扭轉這種想法。我們邀請了常喝紅茶，並且同樣喜歡紅茶的咖啡愛好者代表——崛口俊英，前往紅茶愛好者代表——磯淵猛的店，從紅茶和咖啡這兩種看起來相像卻又大為不同的角度出發，找出紅茶的新魅力。

以產地及特性為中心首先進行大略介紹

磯淵　同樣是熱帶地區農作物，也是嗜好品，紅茶跟咖啡還真是很好的對照組。

崛口　但就市場上來說，咖啡的市場比較大就是了。

磯淵　很遺憾地，差了大概有十倍以上。

崛口　不過，據說在像是肯亞或坦尚尼亞等盛行生產咖啡的國家，老百姓是都喝紅茶。

磯淵　當地的紅茶便宜嘛。

磯淵猛
Takeshi Isobuchi

紅茶研究家、隨筆家。經營紅茶專賣店Dimbula。主要業務為銷售、進口紅茶，以及開發原創配方、技術指導、教學講座等，在各層面都很活躍。近期著有《混調紅茶 ─茶葉的知識與混調茶的做法》、《紅茶的教科書》等。
http://www.tvz.com/tea/info/

堀口俊英
Toshihide Horiguchi

咖啡工房HORIGUCHI的總經營者。他有美國SCAA（Specialty Coffee Association of America）認證的杯測資格，同時也是日本SCAJ（Specialty Coffee Association of Japan）認證的咖啡推廣委員會的副會長，擁有業界多重身分。近期著有《咖啡的教科書》、《與好喝咖啡共度的生活》等。
http://kohikobo.co.jp/

崛口　以前去產地時，一邊想著「這裡的莊園好大啊」，結果都還是拼命在看咖啡。最近肯亞的咖啡水準非常好，不過那邊的國民還是都喝紅茶。

磯淵　肯亞也是到近50～60年才開始生產紅茶，歷史還很新。

崛口　因為以前是英國的殖民地，所以會往紅茶發展。

磯淵　肯亞的紅茶水準相當不錯喔，而且因為是到了近代才開始發展，所以設備都比較新。

崛口　咖啡的產量跟品質也都是頂級的。

磯淵　但說到咖啡的產量，最大的應該還是巴西吧？

崛口　是呀，巴西是現在世界上咖啡產量最大的國家。至今，巴西的咖啡都是由當地的鑑定師，負責把巴西各產地的咖啡混合起來，再交由各大小企業的採購員帶回各國去，流通往全世界，這就是過去的「巴西咖啡」。直到有人開始提出「屬於這家農園產的咖啡獨特的優點」、「不想冠上國家或大地區的名號，用地方或農園的大小等級來區別出咖啡的特色比較好」等主張時，「精品咖啡」的概念才開始流傳開來。

咖啡是以一杯定勝負。而紅茶若能和食物相結合，則能享受到好幾倍以上的樂趣。——崛口

產地決定味道和食物的搭配度也是關鍵

磯淵　在英國，每人每年使用的茶葉從2kg掉到1.8kg，我在想有什麼方式才能夠力挽狂瀾。先前在英國和唐寧先生聊天時，和他談到最後得到的結論是：「賣紅茶賣了三百年，現在也開始從錫蘭進咖啡來併著賣了。喝紅茶的人日益減少，還真是一則以喜一則以憂啊。」

崛口　但歷史悠久的紅茶可以慢慢地去建構整個產業，所以不用

紅茶是陪人一起消遣時光的飲品。一壺茶，就能帶來幸福。——磯淵

擔心。不過，受到星巴克的影響，日本人的注意力也逐漸開始往咖啡轉移過去了。

磯淵 星巴克的冰咖啡變得尤其好喝啊。入口後濃濃的咖啡香，吞下去的後味斷得很快，那種味道迅速消失的口感實在很棒。

崛口 以前的冰咖啡大多是用味道乾淨、酸味較低的羅布斯達種來混調咖啡豆，但到了現在，越來越追求品質後，也開始使用阿拉比卡種，讓冰咖啡的水準整體往上提升了不少。產地本身的味道、香氣也變得更加容易分辨了。

磯淵 說到咖啡，其中有一部份是靠技術來決定味道，譬如烘焙之類的程序。比較起來，紅茶在產地階段就已經算完成了，受地理環境影響的程度更大。

崛口 以和食物相搭配的層面來說，對咖啡或紅茶來講都很重要。日本大概一直到20年前，都還是用咖啡來做為一餐的結尾，後來才開始用紅茶等飲料。

磯淵 咖啡的話，單一杯就能夠下評價了，而紅茶是要和搭配的食物一起評價。紅茶必須和食物一起享用的觀念非常重要。在英國，一到桌邊坐下就是先來杯紅茶，吃飯時也要紅茶，吃完了還是要一杯紅茶來做結尾。拿一天來說，早餐要紅茶，味道較重的午餐時也是紅茶，晚餐上主菜時是喝紅酒，不過最後也還是少不了紅茶。英國料理要是能跟紅茶一樣推廣到全世界的話就好了！

崛口 因為紅茶能消除嘴裡殘留的食物味道。

磯淵 兒茶素可以分解掉油分，喝一口紅茶，之後再吃料理時，可以恢復到吃第一口時的味道。

試飲紅茶時，崛口先生說：「我也喜歡紅茶，很常喝喔。」他試飲的評價為：「汀普拉和奴瓦拉艾里亞那一帶的紅茶，應該是日本人會喜歡的味道。」

上）Dimbula的銷售櫃台擺了一款崛口先生頗為中意的銅壺，這是一款熱導率特別好，能很快把水煮沸的好用產品。下）使用專用的試飲杯來進行各種茶葉的試飲。

而且紅茶是一種很有歷史和文化背景的東西，非常值得推廣。但像是哪個產地的大吉嶺很好喝之類的話題，都只有一些專家才有興趣。如果想要更加推廣紅茶，就得想想現在年輕人比較注意哪些事情，譬如咖哩、拉麵、甜甜圈之類，和食物搭配得好，自然就能引起大眾的注意力。

杯中優雅世界的起點 正是不起眼的「農作物」

磯淵　紅茶原本產自中國或印度等國家，而喝紅茶的文化則是在英國確立。一開始雖然是男人在喝的東西，但慢慢地變成家庭性的飲品，是一種全家和樂相處的象徵。因為是用一個壺泡全家一起喝的紅茶，所以非得是大人小孩都喜歡的飲品不可。

崛口　這點的話，以前咖啡是一種要在外面的店家喝，氣氛才特別好的飲料。到了近年，咖啡本身的真正滋味才開始受到明確的重視。

磯淵　紅茶除了是全家共同享用的飲品外，也可以做為各種飲食的原料，配上水果、香草等，可以依照喜好自由調配味道的部份特別有意思。咖啡屬於大人的世界，相對地紅茶則是從小就可以開始喝。

崛口　怪的是，不知為什麼很少

磯淵先生還身兼日本知名市售茶飲「午後紅茶」的顧問，是一位能以簡單易懂的說法，讓大家瞭解紅茶深奧世界的高人。

人兩種都愛喝。

磯淵　因為說到紅茶，大家就想到漂亮的茶杯、茶壺組成的優雅印象啊。不過，原本長在莊園裡的綠色茶葉，可是要經過乾燥、發酵長達15個小時的製程，才能變成大家喝的紅茶喔。一望無際的莊園裡，用人力手工辛辛苦苦把茶樹的嫩葉摘下來，一般人很難去想像這個場面。製作好的紅茶再由各國的進口商出價買下，運到足以存放全世界兩年紅茶用量的巨大倉庫裡。在出貨之前，還會進行混調、包裝等各個再加工階段。

崛口　所以才會混進時期不太一樣的紅茶吧。

磯淵　這就要先講清楚，我店裡的紅茶是完全不混調的單品紅茶，所以味道和香氣每批都會不一樣。有些客人會反應「之前那次的比較好喝」或「之前那種已經不進了嗎」等，但農作物本來就是每一期都會不盡相同。這些觀念和產品履歷一樣，不好好傳達給客人不行。譬如在吹起季風的時節，茶葉就會產生稍具刺激感的獨特澀味。

小小一杯紅茶，當感受到那股令人舒暢的澀味時，它又迅速地消失在喉嚨深處，那就是摘採茶葉的工人雙手帶來的溫度。無論是男女老少，都能自然而然地接納紅茶的世界。

右）鑑定茶葉時使用的木盒，能輕易地分辨出茶葉的發酵度、顏色和香氣等條件。左）在Dimbula的店面及網站上，能買到直接進口的茶葉，聽說甚至有韓國的紅茶迷們不惜遠道來訪。

Perfect Guide
Chapter >>> 02

瞭解茶葉的個性，活用其特色

第一次的紅茶 試飲&鑑定術

首先一定要先學會的是茶葉的等級分類，
第一次接觸的茶葉，在正式沖煮前要先試飲過！

1 OP
Orange Pekoe
▶茶葉大小：約10～20mm
▶味道特徵：溫和
▶萃取時間：約5分鐘

2 BOPF
Broken Orange Pekoe Fannings
▶茶葉大小：約1～2mm
▶味道特徵：明晰
▶萃取時間：約3分鐘

3 CTC
Crush・Tear・Curl
▶茶葉大小：約1～2mm
▶味道特徵：強烈
▶萃取時間：約2分鐘

4 FOP
Flowery Orange Pekoe
▶茶葉大小：約20～30mm
▶味道特徵：柔和
▶萃取時間：約5分鐘

5 BOP
Broken Orange Pekoe
▶茶葉大小：約2～3mm
▶味道特徵：香氣芳醇
▶萃取時間：約3分鐘

6 F
Fining
▶茶葉大小：約1mm
▶味道特徵：口感濃厚
▶萃取時間：約2分鐘

透過試飲來正確掌握紅茶的特有個性

紅茶是一種農作物，它的味道會受環境或氣象條件所左右，在經過生產、流通等階段後，味道也無法絕對確保相同。因此，買到新的茶葉時，能不能掌握到茶葉本身的特色，就是最大的關鍵了。只要知道茶葉的味道，就能判斷應該直接飲用或是沖調成奶茶，甚至還可以考量各種調味配方等，先試飲會是較理想的享受方式。

因此，首先必須懂得茶葉的等級分法。雖說等級，但在紅茶方面，指的卻不是品質或水準，而是為了區分茶葉的形狀（尺寸）設定的級別。依大小主要分為Orange Pekoe、Broken Orange Pekoe、Fining等。分級的目的，是因為茶葉的形狀會直接影響到萃取時間和呈現風味的強弱。

分辨紅茶的香氣、味道、茶色

透過試飲來瞭解茶葉個性

知道茶葉是怎麼分級之後，終於要開始試飲了。
現在就來教大家在家也能進行的試飲法，以及茶具的用法。

一般正規的試飲流程

1 ┆ 置入茶葉

使用專業的試飲杯，茶葉份量約需3g左右。計量時要用天秤型的磅秤，在家裡可使用電子秤來取得正確的測量。

2 ┆ 注入150cc熱水

水使用自來水即可。基本上來說，進行鑑定時以使用當地的水為原則。從較高的位置將熱水倒下，注入帶著充分氧氣的水流，可得到較理想的效果。

3 ┆ 悶3分鐘

蓋上專用的杯蓋悶煮。使用計時器，精細控制悶煮的時間。此時杯中的茶葉正在進行跳躍運動。

4 ┆ 把缽組裝上去

將萃取用的試飲杯連蓋子一起按緊，直接將紅茶倒入專用的茶缽中。同時要沖煮好幾杯時，要直接以組合好的形態等待萃取完成。

Column

沒有專業用具的話 就用三個杯子來代替

1 ┆ 準備所需用具

在家裡進行鑑定時，會用到一只茶壺和三只茶杯。熱水要準備350cc，茶葉5g。

2 ┆ 注入第一杯

茶葉置入茶壺後，注入95～98℃的熱水，悶煮3分鐘後，倒滿第一杯。

3 ┆ 注入第二杯

接著再等3分鐘，倒入第二只杯子。

Point ▼

最後一滴是勝負關鍵！

最後的那一滴，正是最精華的部份。由於它含有充分的茶香，所以一定要耐心地等到最後一滴也落入杯中才行。

試飲用的紅茶沖煮好後，用湯匙舀起來，連空氣一起吸入口中。發出聲音咻嚕嚕地吸進去是最好的方式。

品評紅茶的味道、香氣時用的辭彙

Flowery

表示茶擁有像花一般的芬芳。像是令人聯想起玫瑰或堇花的馥麗芳香。

菁生味

表示像青草一樣新鮮的香氣。茶葉發酵度較低的紅茶，就會有綠茶般青澀的香味。

果香

表示水果系的香氣。用來形容近似於柳橙、麝香葡萄、青蘋果等香味。

煙燻味

表示彷彿曾經用燃燒的落葉燻製過的香氣。

澀味

茶葉中的兒茶素成分較高時，就會形成紅茶裡的澀味。

餘韻

用來表示入喉之後，其味道、香氣仍能停留在口中的紅茶。

斷味

在飲下之後，口中完全不留餘韻，味道斷得很快的紅茶。

4 ┆ 注入第三杯

等再經過3、4分鐘後，將壺裡的紅茶一滴不剩地倒進第三只杯子。

5 ┆ 進行鑑定

第一杯品的是香氣，第二杯品的是茶色，第三杯則是測試茶葉的澀味。

探討紅茶、綠茶之間的差異

紅茶知識基本入門

紅茶、綠茶、烏龍茶，其實全都來自一樣的茶樹上。
但為何會產生不同呢？瞭解這些基礎，更深入地品嚐「茶」吧。

紅茶產地與茶葉之路

這張地圖是1930年前後，用來標示出茶葉生產地的地圖。發祥自中國的茶葉，擴散至全世界的路線，就稱為茶葉之路。據說在9世紀左右，遣唐使自中國將茶葉送回日本。其後，茶葉便透過連結東西方交易、繁華至極的絲路，以及到了近代廣泛使用的海路通往歐洲與美國大陸，普及至全世界。最後在英國開花結果，誕生出紅茶文化，傳遞至世界各個角落。

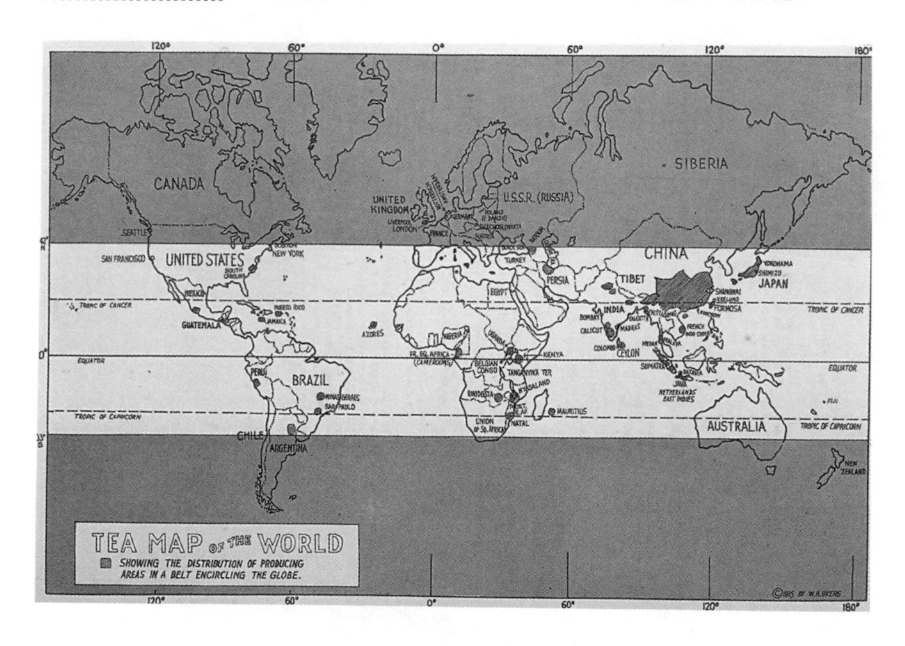

不管是紅茶、綠茶都是採自同樣的「茶樹」

「茶樹」的學名為Camellia sinensis，是山茶科的常綠樹，事實上茶樹不僅是紅茶的原料，綠茶、烏龍茶也都是來自同一種樹，對此感到驚訝的人想必不在少數吧。確實，這三種茶都有各自不同的香氣和味道，這種差異又是從哪來的呢？答案是「製作方法的不同」，而說到有何種差別，那就是發酵的程度了，隨著發酵度的不同，茶葉的味道和香氣都會有所差異。

日本茶是完全不經發酵的類型（不完全發酵茶），紅茶則是讓茶葉進行完全發酵後，才會產生大家所熟悉的紅茶味道（完全發酵茶），烏龍茶則正好在兩者之間，在茶葉發酵到一半時，中止發酵反應（半發酵茶）。就是這「發酵度」的落差，造成茶的不同。而就算一樣是紅茶，種植茶樹地區的氣候、摘採方式等，也會影

Point
▼

茶葉原料的茶樹，主要分為 2 種

【印度種】

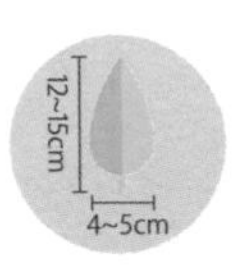

也稱為阿薩姆種，適於製作紅茶。葉片的長度大約是中國種的二倍之多，表面略有凹凸，纖維較粗大。葉片的末端呈尖角狀，顏色為淺淺的綠色。阿薩姆種不耐寒冷，因此僅能於熱帶地區栽種。因它長期沐浴在強烈的日照下，才會形成具有澀味的兒茶素。

左）在紅茶產地，有許多能夠對應各種需求的工廠設備，照片中是製作顆粒狀（CTC類）茶葉的機器。CTC加工茶的萃取時間很短，因此常用來製作茶包。中）在斯里蘭卡主要的紅茶生產地區汀普拉，設有紅茶的專門研究所，負責病蟲害和新品種的研究。右）有些莊園位於如圖片中的丘陵地帶，有些也會在可以看到地平線的廣大平原上，這些地理條件將會決定茶葉的風味。

【中國種】

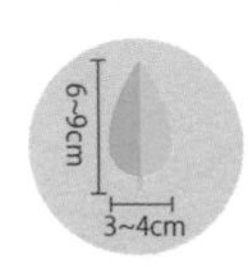

葉片的表面光滑平整，大小僅有印度種的一半。顏色深綠，且葉片末端較圓。特徵在於高度抗寒。雖說中國種是較適合製作成綠茶的品種，但也生產出祁門紅茶、大吉嶺等世界頂尖的紅茶。

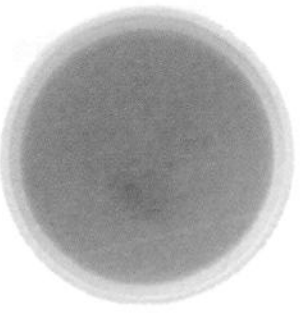

日本茶＝不完全發酵茶

利用高溫蒸氣等程序來抑制茶葉的氧化酵素作用，而無法進入發酵狀態的茶。茶葉及茶色都呈現綠色。

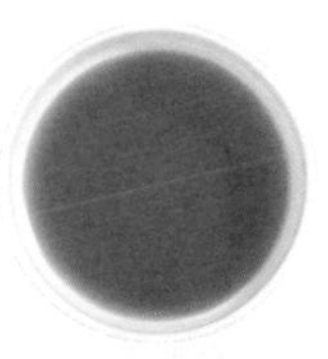

烏龍茶＝半發酵茶

發酵到一半就中止，讓茶葉只發酵一點點的茶種。茶葉的顏色、沖煮後的茶色，都在紅茶與綠茶的中間。

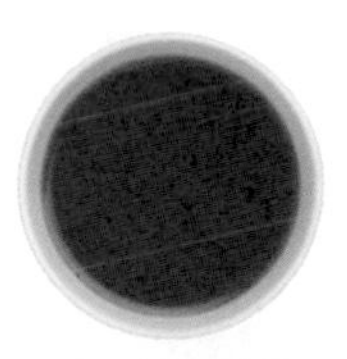

紅茶＝完全發酵茶

完全發酵過的茶葉，外觀呈現較暗沉的顏色。具有其他茶飲沒有的濃醇口感和澀味，香氣非凡。

以亞洲為中心，世界上約有30個以上的國家在生產茶葉，據說全世界一天就要喝掉20億杯茶。不管是顏色呈青翠綠色，帶有醇厚甘甜滋味的日本茶，還是入口散發略為刺激的澀味，風靡眾人的紅茶，做為其原料的茶葉，都是採自同樣的茶樹。透過發酵度的掌控，才能賦予茶葉不同的味道。

響茶葉，造成澀味、苦味或甘甜之間的味道平衡。

茶的原產地在中國，據說發源自現今雲南省西藏山脈的高地，以及東南部的山區等地域。說到茶樹，或許一般大眾會有樹木較為矮小的印象，事實上，高大的茶樹有些甚至超過10公尺以上。只是太高的樹會難以摘採茶葉，因此通常會將茶樹修剪到一定的高度。

大略分類的話，茶樹可分為印度種和中國種，印度種又被稱為阿薩姆種，特徵是葉片末端呈尖角狀，葉片較大，表面凹凸不平，纖維也較粗大。正如其品種名，它被廣泛地種植於印度阿薩姆、尼爾吉里、斯里蘭卡等紅茶知名產地，是出產許多經典茗茶的品種。

另一方面，中國種和阿薩姆種比起來，特徵是葉片不但較小，末端處的形狀也較圓。再者，葉片的表面非常平順光滑且顏色濃

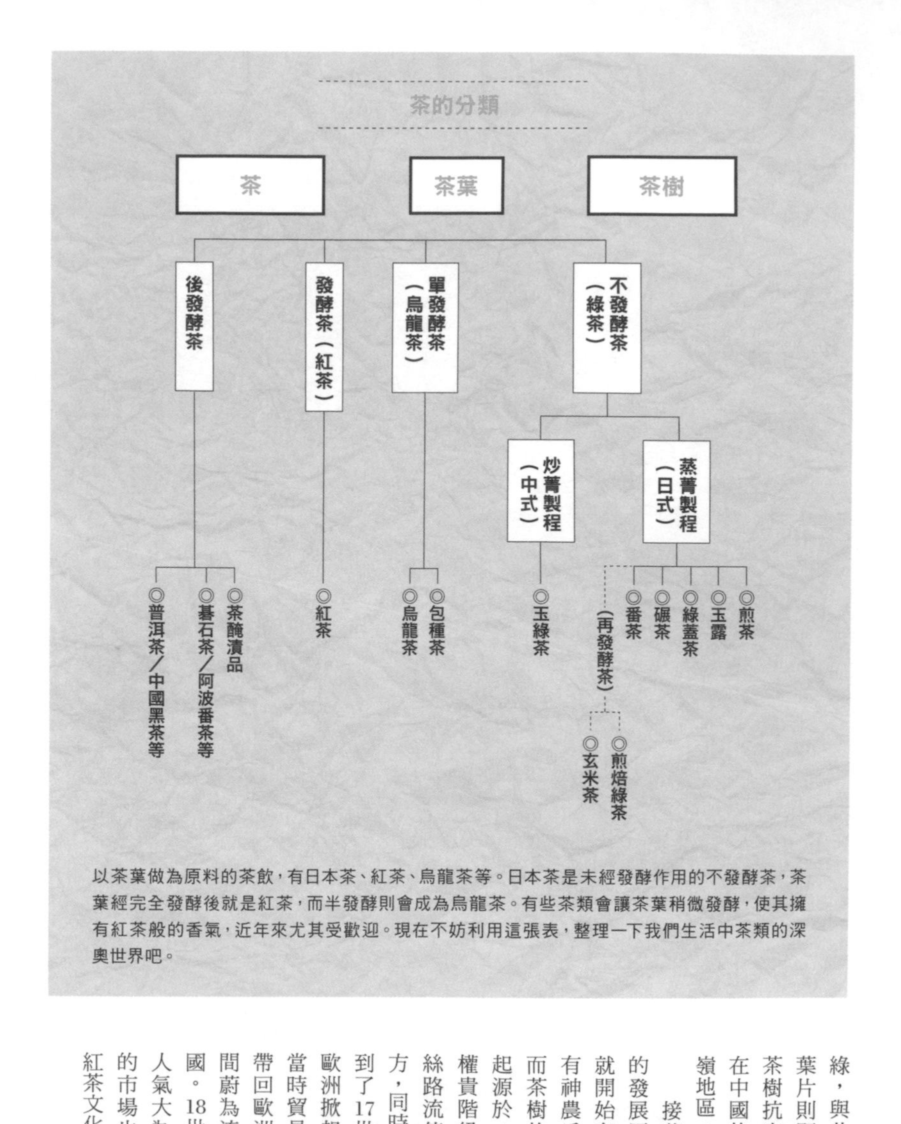

以茶葉做為原料的茶飲，有日本茶、紅茶、烏龍茶等。日本茶是未經發酵作用的不發酵茶，茶葉經完全發酵後就是紅茶，而半發酵則會成為烏龍茶。有些茶類會讓茶葉稍微發酵，使其擁有紅茶般的香氣，近年來尤其受歡迎。現在不妨利用這張表，整理一下我們生活中茶類的深奧世界吧。

綠，與此相比之下，阿薩姆種的葉片則顯得較為淡綠。中國種的茶樹抗寒度佳，具代表性的產地在中國的祁門地區和印度的大吉嶺地區。

接著讓我們來簡單地回顧茶的發展歷史吧。中國從很早之前就開始有關於茶的記載，甚至也有神農氏發現茶葉的古老傳說。而茶樹的人工栽培，一般相信是起源於4世紀前後。茶在唐朝是權貴階級間的嗜好品，後來經由絲路流傳往西藏、中東、印度地方，同時也經由遣唐使帶至日本。到了17世紀，荷蘭的貿易商人在歐洲掀起了喝茶的風潮，商人自當時貿易活動旺盛的日本將綠茶帶回歐洲，一時間在荷蘭的貴族間蔚為流行，接著又漸漸移往英國。18世紀中葉，綠茶和紅茶的人氣大為逆轉，此時茶飲在美國的市場也日漸坐大，將世界導向紅茶文化百家爭鳴的時代。

產地決定茶葉的特性

紅茶的產地

根據產地不同，紅茶的香氣和味道都會有所改變。
想要快速選出符合喜好的紅茶，瞭解產地將是最佳的捷徑。

CONTENTS

130 | Republic of India 印度
- 130 Darjeeling 大吉嶺
- 132 Assam 阿薩姆
- 134 Nilgiri 尼爾吉里

135 | Sri Lanka 斯里蘭卡
- 135 Dimbula 汀普拉
- 136 Uva 烏瓦
- 138 Nuwara Eliya 努瓦拉艾莉
- 140 Ruhuna 康提
- 141 Kandy 璐巫娜

142 | People's Republic of China 中國

144 | Kenya 肯亞

145 | Java 爪哇

146 | Japan 日本

148 | Taiwan 台灣

【印度】Republic of India

擁有「紅茶中的香檳」美稱，代表性的品種之一。
為了不損及獨特氣候環境孕育出的特有香味，以細膩的微發酵製程來製作紅茶。

Darjeeling 大吉嶺

獨特的氣候環境 孕育出獨一無二的香氣

大吉嶺是紅茶中最具代表性的品種之一，也是印度境內唯一成功栽種出來的中國種茶葉。大吉嶺位在西孟加拉州最北邊，標高2300公尺，是標準的高地地型，茶園也遍布在300～2200公尺的險峻山坡上。

當地日夜溫差極為劇烈，每天還會起好幾次濃霧，而位於喜馬拉雅山脈中段尼泊爾和印度邊界的干城章嘉峰會吹來強風吹散濃霧。被霧氣打濕的茶葉又會被陽光曬乾，接著又起霧，如此反覆循環，就形成了孕育大吉嶺的特殊氣候環境，也是形成其特有香氣的秘密。而在製作方式上，幾乎全部遵循傳統方式，揉茶、發酵都使用滾筒式機械，極力避免特有的香味被破壞。

茶葉一年的產期有四穫，左頁介紹的三個季節產的茶葉品質特別優異。

tea 1

茱巴拿茶園 春茶

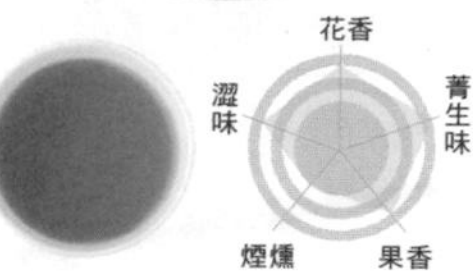

Data

味道特徵	▶ 短暫刺激的澀味
萃取時間	▶ 約5分鐘
建議的飲用方式	▶ 直接飲用

大吉嶺被人譽為「紅茶中的香檳」，而生產大吉嶺的茶園中，因為受到英國皇室青睞而聞名的茱巴拿茶園（Jungpana），每年3～4月最早摘下來的春茶，是紅茶迷們無不憧憬的逸品。茶色呈明亮的橙色，清澈透明。聞起來具有如麝香葡萄或青蘋果系的果香，甘甜芬芳，還擁有像綠茶般特有的新鮮風味。

tea 2

茱巴拿茶園 夏摘茶

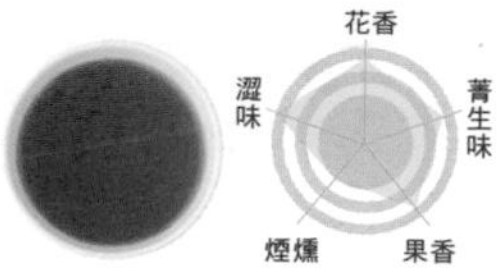

Data

味道特徵	▶ 明晰強烈的澀味
萃取時間	▶ 約5分鐘
建議的飲用方式	▶ 直接飲用、奶茶

人氣極高的茱巴拿茶園，在每年5～6月左右摘採的夏摘茶。具有較深沉的明確澀味，熟成後會散發出強烈的果香。偏橘色的暗紅茶色，美麗而澄澈。麝香葡萄系般的水果香氣中，帶有類似薄荷的淡淡苦味，會是酷暑漸消，剛入秋時的好選擇，調成奶茶飲用也不錯。

tea 3

茱巴拿茶園 秋摘茶

花香
菁生味
果香
煙燻
澀味

Data

味道特徵	▶ 濃厚強烈的澀味
萃取時間	▶ 約5分鐘
建議的飲用方式	▶ 奶茶

茱巴拿茶園秋冬採收的秋摘茶，品質仍屬秀逸。9～10月收穫的茶葉，具有濃厚的口感和強烈的澀味，是喝慣紅茶的人會喜歡的味道。茶色呈深紅，濃艷的色澤非常賞心悅目。香氣的特徵在於麝香葡萄和青蘋果系的果香之中稍帶有落葉香，是由許多與眾不同的要素所形成的成人系口味。

Recipe

用手製茶包來享受特調茶飲 ①

用大吉嶺＋康提＋綠茶（比例依個人喜好即可）混調成的茶飲，能夠將大吉嶺的果香襯托得特別芬芳。而大吉嶺的明晰澀味則由康提來緩和，最後用綠茶增添清新的菁生香氣，簡單就成了特級的大吉嶺混調茶。

Republic of India

阿薩姆的香氣甘甜，茶水呈美麗的濃橙色。
茶園遍布於廣大的平原上，支撐起印度近半的紅茶產量。

Assam 阿薩姆

濃厚的香氣、茶色 最適合印度奶茶的茶種

阿薩姆位於喜馬拉雅山脈的山麓區域，潮濕的季風受山脈阻擋後在此處降下大雨。茶園大多設在河川南方，自河川中升起的水蒸氣能濕潤茶葉。這些水分是阿薩姆地區的環境特徵，也是形成茶葉澀味的主因。茶園內錯落著形成樹蔭、讓日光變柔和的常綠樹，呈現相當特別的景致。

阿薩姆紅茶的芳香，和茶色一樣濃厚醇美。世界上的紅茶產量有一半來自印度，而印度的紅茶產量又有一半是來自阿薩姆。由於阿薩姆非常適合沖調印度奶茶，因此印度國內本身的消費量就很高。阿薩姆紅茶幾乎90％以上都採用CTC製法，其茶葉約14～15mm大，手工收穫時，一人一天可採收30kg。此品種特徵在於茶葉經過旋片式真空泵浦絞切成細碎顆粒狀後，再由CTC機械乾燥，以及發酵的速度很快。

tea 1

Duflating茶園 FOP

Data

味道特徵	▶ 柔和的澀味
萃取時間	▶ 約5分鐘
建議的飲用方式	▶ 直接飲用

由於是以完整葉片製成，柔和的甘甜和令人感到舒服的澀味獨具魅力，茶色呈現較淺的偏紅橙色系。發酵過後，醞釀出如落葉般的香氣，其中還帶著一點點果香。沖煮時，建議花上5分鐘細細萃取。

tea 2

Mazbat茶園 CTC

Data

味道特徵	▶ 帶有微甜的澀味
萃取時間	▶ 約3分鐘
建議的飲用方式	▶ 奶茶

CTC製程的茶葉，萃取時間很短，只要3分鐘就足以沖煮出具有強烈澀味的濃茶。茶色是偏暗的深紅，但喝起來的味道並不如外觀般充滿特色，紅茶的香氣也較弱。可以說是較大眾型的紅茶，也頗適合調成順口的奶茶飲用。

Recipe

用阿薩姆紅茶調成的熱雞尾酒

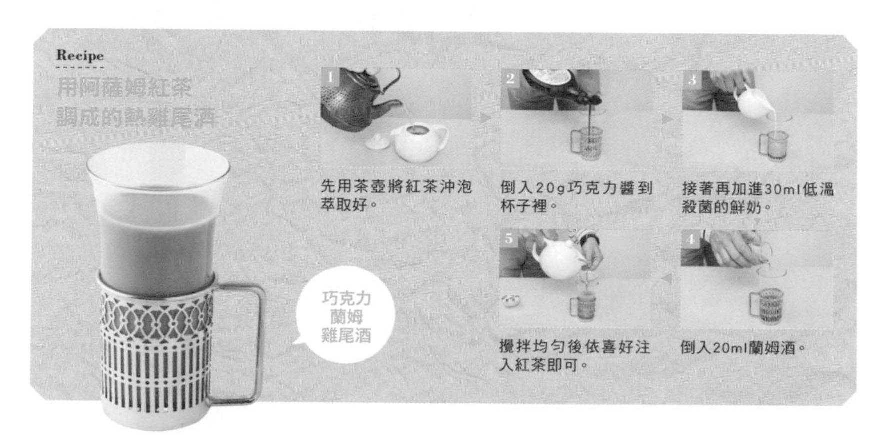

1. 先用茶壺將紅茶沖泡萃取好。
2. 倒入20g巧克力醬到杯子裡。
3. 接著再加進30ml低溫殺菌的鮮奶。
4. 倒入20ml蘭姆酒。
5. 攪拌均勻後依喜好注入紅茶即可。

Republic of India

工廠設備全面翻新後，加工茶的品質和價格也水漲船高。
茶葉主要採用 CTC 製法，而因應海外訂購要求而生產的 OP 茶葉也日益受到歡迎。

Nilgiris 尼爾吉里

tea 1 Chamzi茶園 FOP

Data

- 味道特徵 ▶ 清澈明晰，口感輕淡
- 萃取時間 ▶ 約5分鐘
- 建議的飲用方式 ▶ 直接飲用

特性及澀味較低，容易入口的一款茶。茶色呈明顯偏紅的橙色，清澈見底。散發柔和甜美、彷彿水果般的香氣。

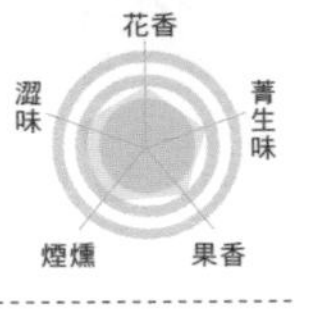
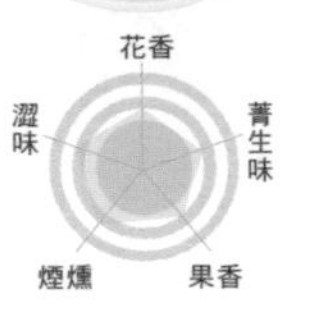

tea 2 Coteriz茶園 CTC

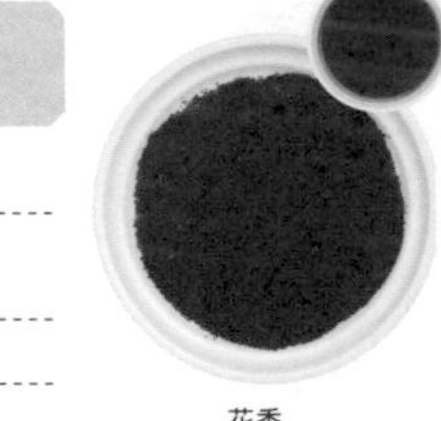

Data

- 味道特徵 ▶ 口感濃厚，澀中帶甜
- 萃取時間 ▶ 約2分鐘
- 建議的飲用方式 ▶ 奶茶

香氣、茶色都很厚重，但卻不會有太重的澀味或令人不敢入口的強烈特色，是極為正統的紅茶，很適於調製奶茶或印度奶茶。

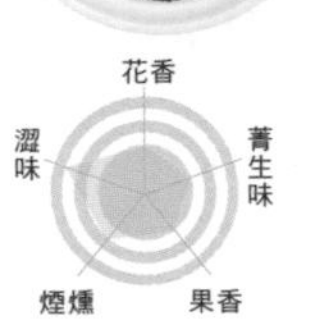

在丘陵地區培育而成萬用型的紅茶

尼爾吉里位在印度南端的坦米爾納德邦省，和大吉嶺、阿薩姆並列為印度的三大紅茶產區。高原平坦的丘陵地上，遍布著寬闊的茶園。

當地即使日正當中，也經常濃霧密布，氣溫很低。地理位置接近斯里蘭卡，氣候也相去不遠，種植的也是和斯里蘭卡相像的茶樹。因此培育出來的茶葉，味道十分相似，沒有強烈到令人難適應的個性，中庸的味道就是尼爾吉里的本質。雖然沒有大吉嶺或阿薩姆般獨特的性格，但這也可說就是尼爾吉里的特色。此處產的茶葉用途很廣，全世界都愛用它來做混調或調味薰香茶的基底。近五年來，尼爾吉里全面翻新工廠設備，現在的主力採取CTC製程。但接到客製化訂單，或是採收到味道特別優異的茶葉時，尼爾吉里也絲毫不吝惜耗時耗力製作OP茶葉。

【斯里蘭卡】 Sri Lanka

斯里蘭卡著名的紅茶產地汀普拉，位在中央山脈地區的南西地區。穩定的產量，供應給世界各地其充滿花香與果香的美妙紅茶。

tea 1

Data

味道特徵 ▶	暢快的強烈澀味，微微的甘甜
萃取時間 ▶	約3分鐘
建議的飲用方式 ▶	直接飲用、奶茶

受季風影響的當季茶葉，具有彷若玫瑰般的香氣和閃瞬即逝的澀味，品質非同凡響。

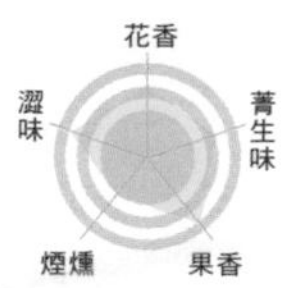

tea 2

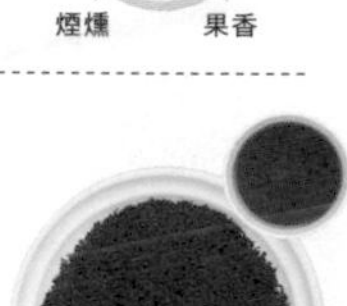

Data

味道特徵 ▶	清淡順口的澀味，滿足任何人的喜好
萃取時間 ▶	約3分鐘
建議的飲用方式 ▶	直接飲用、奶茶

盛產季之外出產的汀普拉茶葉，個性不那麼強烈，但順口度卻算得上一等一。

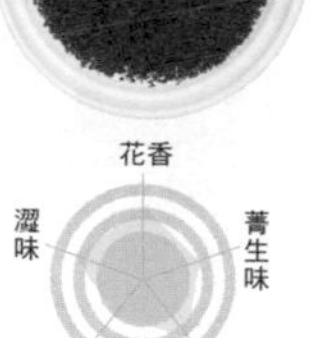

Dimbula 汀普拉

受大眾喜愛的汀普拉 發展性精彩可期

汀普拉位在斯里蘭卡的中央山脈地區，一年四季都能生產品質穩定的茶葉。受到季風影響，品質多少有些不同，但茶葉的生長狀況卻沒有太明顯的落差。產地為標高1200～1600公尺的高地，但有時中午的溫度也會高達30度。斯里蘭卡的茶葉個性不會太過突出，在混調或變化口味上有寬廣的可能性。當然，其圓潤的味道，同樣適合將它做為單品紅茶享用。

分級上以傳統製法的BOP製程為主流，但近年來做茶包用的CTC茶葉也增加了不少。季風吹起的1～2月是斯里蘭卡茶葉的盛產期，能夠生產出帶有彷若玫瑰般香氣和強烈澀味的高品質茶葉。其他的月份也能生產品質相當穩定的茶葉。

Sri Lanka

烏瓦和大吉嶺、祁門並列為世界三大茗茶，擁有壓倒性的人氣。
當地茶葉極易受氣候影響，因此農民不惜耗費巨大心力精心培育。

Uva 烏瓦

適合調製成奶茶 世界三大茗茶之一

以奶茶特別受歡迎的烏瓦紅茶，茶園設在面向孟加拉灣的山岳地區斜坡上，沿著溪谷，狹長的茶園往前延伸得很遠。其種植面積約和尼爾吉里相當，共有約35000頃，標高在1400～1700公尺上下，近似大吉嶺的氣候環境。加上7～8月自印度洋吹來的乾冷季風，吹散濃霧後，讓濕潤的茶葉一口氣全風乾，也形成烏瓦紅茶特有的果香、具刺激感的澀味，以及濃艷的茶色。

如同斯里蘭卡的大多數地區，烏瓦的茶葉至今仍幾乎全部採取傳統製程。同時也是因為當地的山岳地型，無法開墾出更多種植面積，因此才會保留非大量生產的傳統製程。

烏瓦地區一年四季都能收穫茶葉，其中的盛產期為7～8月。

tea 1

Quality Season 烏瓦

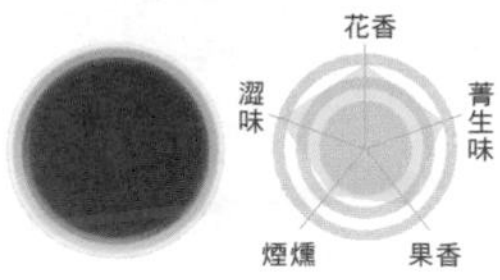

Data

味道特徵	▶ 強烈的澀味
萃取時間	▶ 約3分鐘
建議的飲用方式	▶ 直接飲用、奶茶

烏瓦盛產季時，茶葉受到7～8月吹拂的乾冷季風影響，形成帶有短暫刺激感澀味的紅茶。同時，盛產季也正值旱季，雨量較少，生葉的收穫量很少，是一種數量稀少，品質卻頂尖的茶葉。茶色呈漂亮的淡紅橙色，澄澈透明。水果般的香氣中，還隱隱透出清爽的薄荷系清新香氣。

tea 2

烏瓦 FOP

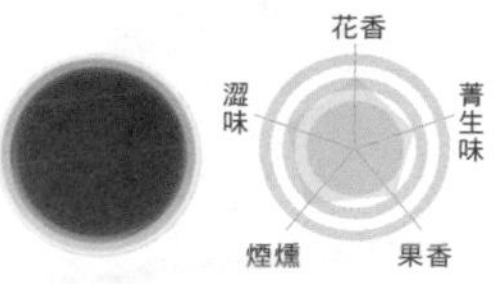

Data

味道特徵	▶ 柔和的澀味
萃取時間	▶ 約5分鐘
建議的飲用方式	▶ 直接飲用

茶葉的葉片越大，澀味也就越柔和，呈現出較柔和的風味。茶色同樣是偏淡紅的橙色，給人非常優雅的印象。紅茶本身飄散玫瑰般的淡淡甜香，並兼具傳統紅茶的茶香。7～8月時，來自印度洋的乾冷季風會吹散濃霧，讓茶葉快速風乾，這就是烏瓦紅茶美麗茶色和優美香氣的形成原因。

tea 3

烏瓦 BOP

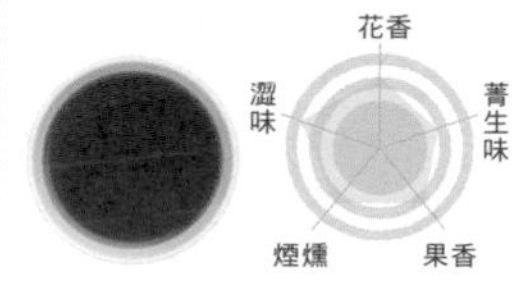

Data

味道特徵	▶ 帶有強烈刺激感的澀味
萃取時間	▶ 約3分鐘
建議的飲用方式	▶ 奶茶

很有斯里蘭卡風格的BOP製程紅茶，尤其因烏瓦具強烈澀味的特質，更適合製作成BOP茶葉。烏瓦的茶葉，能讓人清楚地感受到發酵後的特色，澀味強烈。同時它在澀味之餘，還帶有極濃醇的口感，滋味深受紅茶愛好者們喜愛。茶色是較明亮的橙色，其中還隱約透著幾分暗紅色的光澤。玫瑰般的香氣濃烈，整體來說呈現香甜風味。

Sri Lanka

位在斯里蘭卡標高最高的地區，彷彿是天空中的茶園。
中午和早晚的溫差形成茶中的澀味，但平時安定的氣候則帶來穩定的茶葉品質。

Nuwara Eliya 努瓦拉艾莉

清爽的香氣為特色 適合直接細細品嚐

努瓦拉艾莉位在斯里蘭卡中部至南部地方，標高達1800公尺，是斯里蘭卡最高的紅茶產地。當地幾乎所有的茶園都位在標高1700公尺以上地區，一整年的氣候相較於其他地域的紅茶產區來說變動不大，加上製茶技術不斷革新，現在努瓦拉艾莉已經能夠穩定地生產紅茶。

努瓦拉艾莉的茶葉以傳統製程的BOP為主，但對發酵速度較慢的OP製程也投注許多心力，像是將需要60分鐘的完全發酵過程，試著縮短到15～20分等，透過種種努力，極力追求澀味達到平衡的優質茶葉。

近年來，世界各地紛紛開始採用可大量生產的CTC製程，但努瓦拉艾莉和大吉嶺地區一樣，至今仍堅守古風，遵循著傳統的製作方式。

Data

味道特徵	▶ 具暢快刺激感和稍強的澀味
萃取時間	▶ 約3分鐘
建議的飲用方式	▶ 直接飲用

盛產季在1～2月，受到季風的影響，形成味道和香氣都很濃郁的紅茶，具刺激感的澀味恰到好處，茶色偏橙且顏色淺淡。加進牛奶的話，茶味容易太淡，建議直接飲用較佳。整體上算是相當清爽的紅茶。

Data

味道特徵	▶ 爽口的強烈澀味
萃取時間	▶ 約3分鐘
建議的飲用方式	▶ 直接飲用

盛產季的紅茶身價非凡，但一年中其他時候產的茶葉，也具有春茶般新鮮菁生的香氣。清爽中帶有強烈的澀味，茶色則是偏淺紅的橙色。濃郁的新鮮植物香氣中，帶有幾分花香般的甜味。

Recipe

用手製茶包來享受特調茶飲 ②

大吉嶺＋努瓦拉艾莉＋檸檬草＋薄荷（比例依喜好即可）。彷彿蘋果和薄荷的清新味道，調出特別與眾不同的調味茶。用努瓦拉艾莉來緩和澀味顯現得很快的大吉嶺，再用薄荷類來增添多樣性，同時水果般的香氣特別具魅力。

Sri Lanka

順口不苦，任何人都會喜歡的味道，無論冷熱紅茶都適合。
輕輕鬆鬆就能沖煮得好喝，味道穩定，可說是萬用型紅茶。

Kandy 康提

tea 1

Middle Grown
康提

Data

味道特徵 ▶	柔和的澀味，後味爽口，入喉滑順
萃取時間 ▶	約3分鐘
建議的飲用方式 ▶	直接飲用、奶茶

種植於標高超過600公尺的中間地區，帶有濃醇口感的澀味，喝起來特別順口。漂亮的茶色和好喝的味道，正是其魅力所在。

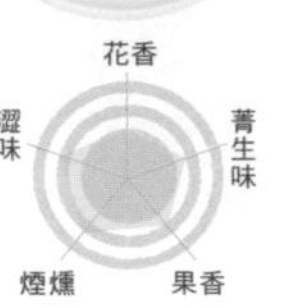

tea 2

Low Grown
康提

Data

味道特徵 ▶	澀味淡薄，後味爽口
萃取時間 ▶	約3分鐘
建議的飲用方式 ▶	直接飲用、奶茶、冰紅茶

栽種於標高600公尺以下低窪地區的康提紅茶，風味和個性稍弱，澀味較淺，香氣也偏淡，茶色呈深紅。

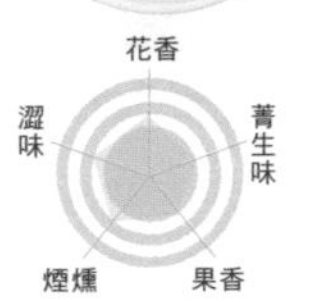

不突出的個性和潤澤的茶色是最具吸引力的部份

康提的產地幾乎正好就在斯里蘭卡的正中央，標高約600～800公尺，是僅次於璐巫娜的低窪地區。也因為地勢較低，不易受季風影響，一整年的氣候變化不大，形成能夠確保穩定品質和產量的紅茶產地，日益受到世界各地的注目。

但是，穩定的風土環境下所培育出來的紅茶，特性也較薄弱，很難有突出的個體特色。可以說這種茶葉的特色就在於極適合用來混調、製作調味茶等。此外，造成茶葉澀味的兒茶素含量較少，任何人都能隨手沖煮出一杯好喝的紅茶，放冷了也不容易乳化，所以也很適合調成冰紅茶。

基本上來說，康提的分級以BOP為主。為了保留康提茶葉圓滑的個性，仔細調整發酵的程度和茶葉成品的尺寸，是在製茶過程中非常重要的步驟。

Sri Lanka

紅茶大國斯里蘭卡最具代表性的「FIVE KINDS TEA」之一。
冠上以前的王國之名，發酵完全、味道強烈的紅茶。

Ruhuna 璐巫娜

tea 1

璐巫娜 FBOP

Data

味道特徵 ▶	濃醇甘甜 多層次的滋味
萃取時間 ▶	約3分鐘
建議的飲用方式 ▶	直接飲用、奶茶

花香 菁生味 果香 煙燻 澀味

發酵度高，茶葉顏色較黑。雖然是低地茶，但含有許多細嫩的毫芽，具有如花一般的強烈香氣，其濃醇、甘甜的澀味為特徵。

tea 2

璐巫娜 BOP

Data

味道特徵 ▶	厚實濃重的味道，帶有內斂的澀味
萃取時間 ▶	約3分鐘
建議的飲用方式 ▶	奶茶

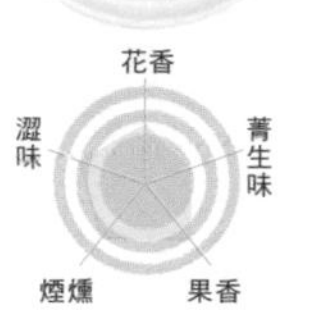

徹底發酵完全的製程，帶來相當厚重的口感。濃醇的味道中，兼具澀味與甘甜。水果般的香氣與茶香相輔相成，風味別緻。

茶葉尺寸較大、經高度發酵使口感格外與眾不同

璐巫娜位在斯里蘭卡的西南地區，也就是現今的薩伯勒格穆沃省。當地標高僅200～400公尺，在斯里蘭卡的紅茶產區中地勢最低，氣候變化也很少。但氣溫相當高，因此茶葉的葉片有高地茶的兩倍之大。也因此，在揉茶過程中流出的大量葉汁會更加促進發酵，形成澀味厚重、煙燻般的香氣及濃重的茶色等特性，因而確立出璐巫娜茶葉的風格。

製程以BOP為主，但茶葉的尺寸通常比一般常見的BOP更大。茶葉的葉片較小時，會釋放出更多兒茶素，澀味因而變重，茶葉較大時，甜味、甘醇的滋味則更突顯，璐巫娜的茶葉為了在甘醇與澀味間取得平衡，在葉片尺寸的掌控上很有一套。除了傳統的製程之餘，發酵時間更長也是特色之一。

【中國】People's Republic of China

列入世界三大茗茶之一的祁門紅茶，
正是當年受英國皇室指定御用，充滿東方風味的紅茶。

Keemun 祁門

英國人無不憧憬東方的馨香

中國東南方地區的山脈周邊，是中國紅茶具代表性的主要產地。由於處亞熱帶地區，整年的平均氣溫很高，一年裡約有200個降雨日，靠近山區的地方，日夜溫差劇烈，是最適合栽種茶樹的環境，形成與印度、斯里蘭卡截然不同的味道。

貴為世界三大茗茶之一，祁門紅茶幾乎完全不銷售於產地國，全數銷至國外。其特質是令人聯想到蜂蜜或蘭花的馨郁香氣，無數英國人為此傾倒，味道上還兼具了濃厚的澀味和甘甜。

為了將祁門紅茶獨特的香氣發揮得淋漓盡致，分級採OP製程。一年收穫4～5次，尤其以4～5月採收下來的茶葉最高級，主要的採收工作都在這兩個月內進行。基本上採取傳統製法，但手續繁雜眾多，甚至讓祁門紅茶多了個「功夫紅茶」的俗名。

tea 1

特級祁門

Data

味道特徵	▶ 柔和的澀味、圓潤甘甜、後味爽口
萃取時間	▶ 約5分鐘
建議的飲用方式	▶ 奶茶

內斂含蓄的味道，適於用來搭配各種料理。圖中的茶是以春茶為中心製成，有許多葉片，茶色深紅，透明清澈，令人聯想起蜂蜜、菊花的東方風香甜，魅力無窮。

tea 2

高級祁門

Data

味道特徵	▶ 厚重的口感，澀味含蓄內斂
萃取時間	▶ 約5分鐘
建議的飲用方式	▶ 奶茶

春初剛採收完春茶，其後的夏摘茶就是量產的高級祁門。澀味中帶有濃厚的口感，茶色偏深，泛著暗紅。味道上散發出煙燻般的氣息，深具高度發酵的香氣，對英國人來說，是不可抵抗的「東方神秘馨香」。

Recipe

挑戰調味熱紅茶①

1 首先放半匙碎堅果（花生為佳）至玻璃杯中。

2 倒入喜歡的紅茶。由於兒茶素成分較低，香氣逼人，讓人能開懷暢飲。

【肯亞】Republic of Kenya

根據 2005 年的統計，肯亞已超越斯里蘭卡，成為世界紅茶產量第三大的國家。同時間肯亞大幅翻新工廠設備，開始生產高水準的紅茶。

保持正統 又能任意變化的紅茶

肯亞的茶園位在標高 1500～2700 公尺左右的高地，全年氣溫最高也只達25度左右，氣候相當涼爽。一年僅各一次旱、雨季，因此以長年穩定的茶葉品質為傲。

分級多 CTC 製程，在 1960 年代，全世界的製茶技術邁向機械化，開始導入 CTC 機械設備，可說是正好加速肯亞紅茶產業振興的及時雨。肯亞的茶葉以圓潤滑順的口感為特徵，不僅適於直接飲用、調製奶茶，也能完美融入其他各種加工與變化，調成各式調味茶。

tea 1

CTC BOP

Data

味道特徵	▶ 具厚重強烈的澀味
萃取時間	▶ 約2分鐘
建議的飲用方式	▶ 奶茶

茶葉的顆粒細小，因此形成相當濃厚強烈的澀味。由於顆粒容易碎掉，所以大多用於製作茶包。茶色暗沉而帶深紅色，散發出發酵紅茶特有的香氣。

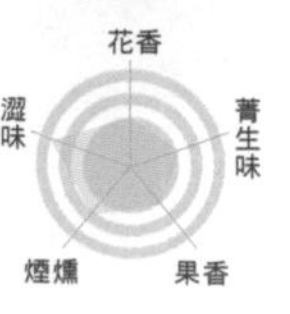

tea 2

CTC OF

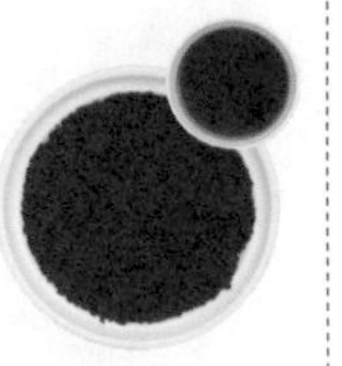

Data

味道特徵	▶ 澀味較淡，後味爽口乾淨
萃取時間	▶ 約2分鐘
建議的飲用方式	▶ 直接飲用、奶茶

在CTC中屬於顆粒較大的類型，因此具有柔和的澀味和甘甜的味道。茶色呈暗紅而透明，味道屬正統派的紅茶，特色較淡。

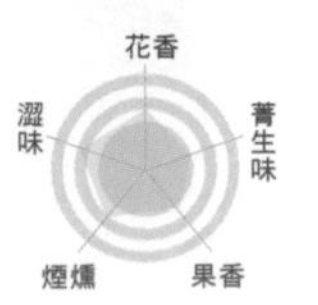

【爪哇】Java

印尼國內的紅茶全都受國家政府的嚴格管理，以確保高度品質。
雖沒有明顯的特徵，但卻是後味爽口的萬能型外銷品。

受到各界期待 價格平實的紅茶

爪哇島為印尼的第五大島，紅茶的產區位於西爪哇的高原地區，當地標高超過1500公尺，茶園就設在較平坦的區域裡。

爪哇紅茶不論是味道或香氣上，都和環境相近的斯里蘭卡紅茶很像。近年來斯里蘭卡的紅茶價格日益高漲，各界紛紛將期待的眼光轉向足以做為代用品的爪哇紅茶。澀味、香氣都十分含蓄，甚至也適合做為料理。

由於全年都可收穫，品質、價格相當平穩，分級主要為BOP及CTC，CTC有逐漸增加的趨勢。

tea 1 爪哇 CTC

Data

味道特徵 ▶	濃重具醇厚感
萃取時間 ▶	約2分鐘
建議的飲用方式 ▶	奶茶

澀味柔和，因此用途很廣。茶色呈較深、較濃的紅色。香氣上不是太突出，具有發酵茶的正統紅茶香。

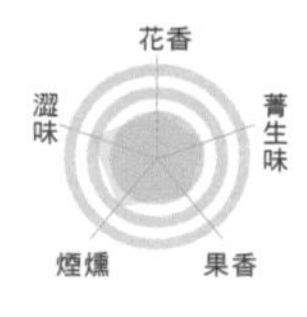

tea 2 爪哇 BOP

Data

味道特徵 ▶	澀味柔和，很好入口
萃取時間 ▶	約3分鐘
建議的飲用方式 ▶	直接飲用、奶茶

澀味中等，口感相當清爽。茶色呈橙色系的深紅色。味道中含有水果系的甜香與新鮮清新的植物香氣。

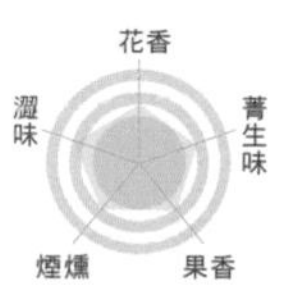

【日本】

Japan

近來的日本紅茶，以適於搭配日式飲食及和式甜點為魅力。
彷彿日本人細膩的感性一般，口感既細緻又美味。

Japan 日本

適合搭配和食 個性洋溢的日本紅茶

在此訪問到於佐賀縣經營日本紅茶專賣店「紅葉」的岡本啟，特別為讀者們講述日本紅茶業界的珍貴情報。岡本先生表示：「日本紅茶的產地，自以前就以茶農較多的靜岡、鹿兒島一帶為主。當中，自日本茶轉換跑道，或受產地自銷的趨勢影響，原本製造日本茶的茶農，改而挑戰紅茶的案例也不少。不管哪種，都得在即使進入冬天也不會太嚴寒的溫暖地區栽種，氣候也是日本紅茶深具特色的原因之一。日本紅茶富甘味而澀味較淡，香氣偏甜。和其他國家產的紅茶相比較時，這幾項特徵就成了日本紅茶的魅力。」

就品種上來說，視茶農本身的喜好，大多為「Yabukita」等日本的紅茶品種，其中也有印度種與中國種的混種茶樹等。

Data

味道特徵 ▶	入喉清淡 短暫的澀味
萃取時間 ▶	約5分鐘
建議的飲用方式 ▶	直接飲用

視發酵的進程不同，紅茶的澀味和香氣都會有莫大的不同。和其他紅茶相比，日本紅茶整體來說澀味柔和，輕淡中帶有甘甜，是其最明顯的特徵。茶色為透明清澈的美麗紅色，具有如烏龍茶般的發酵香氣，並且還留存幾分令人聯想起綠茶的植物清新。右頁上排靠右的男性，是日本紅茶製造業界極為知名的村松二六，他是日本民間第一個開始種植紅茶品種茶樹「紅富貴」的生產者。

Data

味道特徵 ▶	具濃醇口感 內斂的澀味
萃取時間 ▶	約5分鐘
建議的飲用方式 ▶	奶茶

世界上的紅茶產地，在北緯30度以南形成了所謂的「茶道帶」。在日本的沖繩一帶，正好就接近這個位置，具備了能夠生產出優質紅茶的環境。但同樣是沖繩，各個地區的茶葉受氣候的影響而有不同，整體來說都具有濃醇而較重的澀味。茶色也呈現橙紅色。沖繩的紅茶帶有阿薩姆般令人聯想到落葉樹的發酵系香氣。不妨在心裡描繪著沖繩的景色，直接品嚐沖繩紅茶的美味吧。

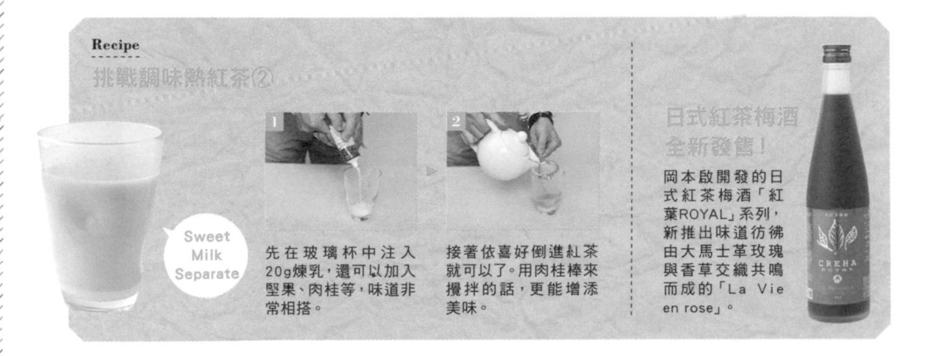

Recipe

挑戰調味熱紅茶②

1 先在玻璃杯中注入20g煉乳，還可以加入堅果、肉桂等，味道非常相搭。

2 接著依喜好倒進紅茶就可以了。用肉桂棒來攪拌的話，更能增添美味。

日式紅茶梅酒全新發售！

岡本啟開發的日式紅茶梅酒「紅葉ROYAL」系列，新推出味道彷彿由大馬士革玫瑰與香草交織共鳴而成的「La Vie en rose」。

【台灣】Taiwan

過去曾為外銷主力的紅茶產業於近幾年再次復興，
芳香滑順的口感，相當適合台灣人清飲的飲茶習慣。

Taiwan 台灣

香氣濃郁芳醇 適合調製各式茶品

台灣以北回歸線 23.5 度，將南北劃分為熱帶季風氣候和副熱帶季風氣候，整體上屬於冬季溫暖、夏季炎熱類型。同時因四面環海，全年有雨，水氣充足，並擁有豐富的地理環境，相當利於製造紅茶。

台灣紅茶的產區分散各處，主要栽種於台地、丘陵一帶，台北三峽、桃園、新竹關西、苗栗、南投魚池、花蓮瑞穗、台東鹿野等地均有茶區，其中以海拔高度約為 600 ~ 800 公尺的南投日月潭之茶區為大宗。

台灣紅茶因應台灣人的飲茶習慣，多數製作為條狀，適合清飲。大多帶有濃郁的芬芳，飲用後餘味無窮，口感滑順不澀，做成冷泡紅茶滋味會更上一層。台灣茶葉全年四季皆可收穫，最多一年可達六穫，其中以夏、秋二季摘採的紅茶特別優異。

tea 1

紅玉紅茶

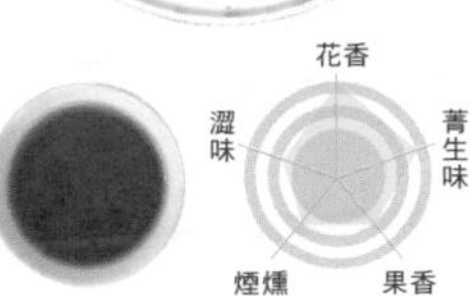

Data

味道特徵	▶ 香氣特殊 口感清爽
萃取時間	▶ 約5分鐘
建議的飲用方式	▶ 直接飲用、冷泡

由茶業改良場魚池分場將台灣原生種野生山茶和緬甸大葉種育種而成的台茶18號，其最大的特徵便是沖泡後會帶有天然的肉桂香和清新的薄荷香，此種特殊香氣更是被讚譽為「台灣香」。茶湯呈現橙橘色，飲用的口感清爽芳醇，澀味溫順，餘香會久留於口齒之間。

tea 2

蜜香紅茶

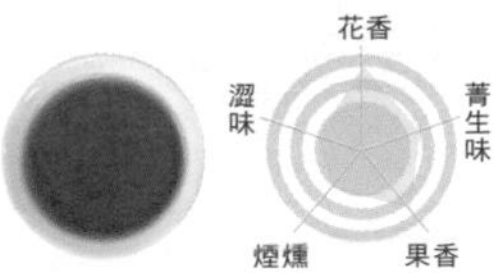

Data

味道特徵	▶ 香氣濃郁 口感滑順
萃取時間	▶ 約2～3分鐘
建議的飲用方式	▶ 直接飲用、 奶茶、冷泡

由於被茶小綠葉蟬叮咬而產生濃濃蜜香的蜜香紅茶，沖泡後茶湯呈琥珀色，香氣濃郁，飲用口感甘醇順口且帶有淡淡甘甜，久泡也不會產生澀味。無論直接飲用、冷泡或調製成各式調味茶都相當美味，搭配上同產地的瑞穗產牛乳調配成的奶茶更可說是一大極品。

tea 3

紅烏龍

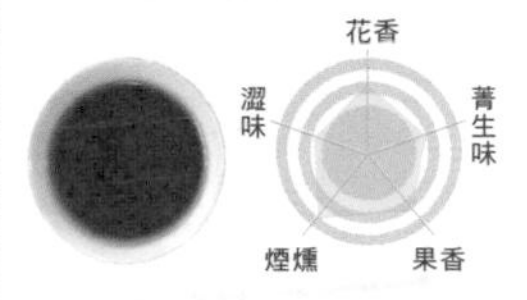

Data

味道特徵	▶ 口感濃郁 芳醇滑順
萃取時間	▶ 約2～3分鐘
建議的飲用方式	▶ 直接飲用、冷泡

紅烏龍取名自同時擁有紅茶香氣與烏龍茶口感的特徵，其茶葉呈半球形，透過烏龍茶製法的揉捻過程而得以散發出濃郁的香氣。沖泡後茶湯為紅褐色，色澤澄澈，帶有花香與果香，口感甘甜順口。特別推薦使用冷泡來沖製，可引出茶的甘醇芳香，變得更為爽口。

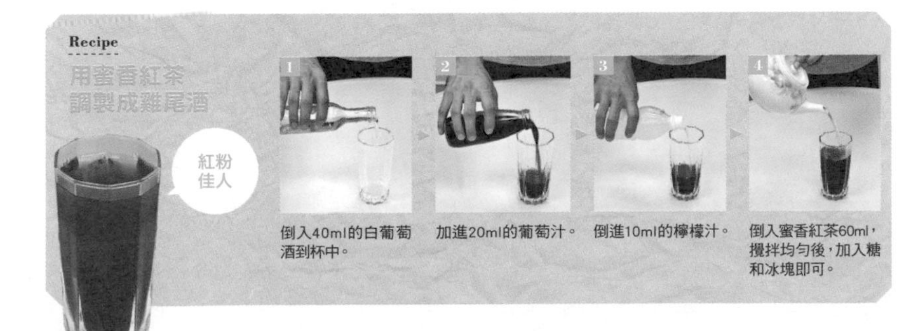

Perfect Guide **Column**

前往深入「午後紅茶」開發部門！

自堅持味道的專家作業中 找尋美味紅茶的真諦

探訪長銷商品「午後紅茶」的誕生現場。
現在就來揭示專家們的堅持，以及美味紅茶的真諦！

右頁)「午後紅茶」系列產品中的一部份，圖片中的商品都經過新裝改版。最前方的罐裝「濃縮鮮茶」是2010年的暢銷品。

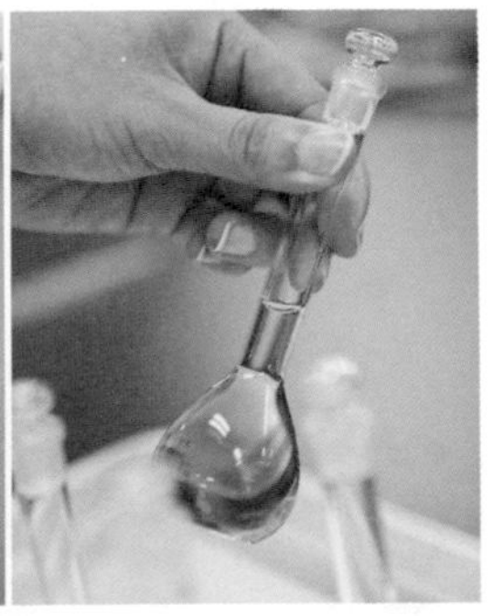

左)為了正確辨識出茶色，一律使用白色的茶杯。右)正在測定紅茶中兒茶素的含量，這是決定紅茶澀味的重要關鍵。

擔任本書企劃監修的紅茶研究家——磯淵猛，為日本紅茶界的權威，除了經營紅茶專賣店 Dimbula 外，並兼任 KIRIN 公司「午後的紅茶」的顧問。「午後紅茶」是日本罐裝紅茶的長銷品牌，2011年時迎接了25周年紀念，在如此長的時間裡，能大量生產並保持一定的味道和香氣，背後不知下了多少工夫和努力。為了挖掘出這一面，我們前往開發現場。

神奈川縣鶴見區的 KIRIN 啤酒橫濱工廠，在佔地諾大的工廠一角，有一間隸屬於 KIRIN 公司的商品開發研究所，其中被稱為 LABO LAND 的房間，就是進行「午後紅茶」細微調整和開發新品的場所。我們特地請教了擔任商品開發研究所飲料開發部主任的貞苅季代子。

「決定紅茶味道的主要條件，一個是茶葉的種類和比例，二是萃取的條件(如熱水的溫度等)，第三就是茶葉的浸泡時間。簡單來說，開發工作就是在這三個大方向的考量下反覆進行試作，找出最適當的組合。此外，和果汁間的平衡、砂糖的份量也都是必須詳加考量的內容之一。

為了讓『午後紅茶』能更貼近大眾喜愛的味道，我們進行過許多次改版，和剛發售時比較起來，甜味降了不少，轉而變成香氣、深度都更明顯的自然風味。每次在改版的時候，都會在這間研究室裡進行各式各樣的實驗，製作許多樣茶。」

以「午後紅茶．檸檬紅茶」的內容物含量來說，可以看到「紅茶(努瓦拉艾莉15%以上)」這樣的標示，在這例子中，貞苅小姐她們的工作便是考慮和檸檬的搭配度，決定紅茶茶葉的種類和份

研究所的成員大多為女性。她們在融洽的氣氛中，孜孜不倦地反覆製作樣茶。

正在確認紅茶香氣的飲料開發員藤村紗會，她專攻營養學，擁有營養師的專業資格。

量，找出最完美的香氣與味道之間的平衡。

「我們還有種說法叫『有無落差』，就是要一一確認各地的工廠製作出來的商品味道有沒有偏差。此外，決定新商品的類型後，就必須考慮具體的味道該如何調

拜見「午後紅茶」試作實驗室！

1

首先要計量的茶葉份量，正確地量出3g，並使用容易辨識茶葉狀態的淺盤。

2

煮沸至100℃的熱水，從高處快速地沖入，讓水流能夠飽含空氣。

3

萃取時間為3分鐘，使用計時器詳細掌握時間。此時杯中在進行跳躍運動。

4

將正在萃取紅茶的小壺和試飲杯組裝起來。

左）桌上排列著大吉嶺夏摘茶OP、大吉嶺BOP、烏瓦、阿薩姆、汀普拉BOP等。每款都要仔細地各別進行試飲。右）各款茶葉一字排開。據說試作實驗室中，隨時都會準備百款以上的混調茶葉，並且確實地管理儲藏。

配，譬如茶葉的種類挑選、份量分配、溫度、萃取時間等問題。關鍵就在於決定紅茶味道的兒茶素、咖啡因、胺基酸等，我們必須考量之間的平衡，不斷進行試作。」貞茹小組的成員，就這樣每天不停地沖煮各式各樣的紅茶，反覆實驗調配。

在此，我們也趁機請教貞茹小姐美味紅茶的沖煮秘訣。

「杯子有沒有先暖過是很重要的一步，沖出來的紅茶香氣會完全不同。還有，直接喝和調成奶茶，茶葉最好也用不一樣的比較好，因為喝法和茶葉之間有適不適合的問題。比方說我想直接喝紅茶時，就不是很喜歡大吉嶺，但也有同事就是喜歡大吉嶺特有的新鮮植物生味。所以，先弄清楚自己的喜好非常重要。」

最後，我們詢問貞茹小姐對於在「午後紅茶」進行商品開發研究所最重要的事是什麼時，她的回答是「身體健康」。因為「嗅覺」和「味覺」是他們工作的根本，感冒的話就會無法對紅茶細微的香氣和味道進行確認，可能會造成研究室裡所有人的困擾。決定紅茶味道的專家們，展現出來的專業技術和堅定意志，真是教人大開眼界！

萃取紅茶使用的機器。當試作的配方完成後，就會用這台機器進行大量萃取的實驗。一次可以沖製2000公升。

5

將紅茶注入茶杯裡。專家們會以圖片中的方式同時萃取好幾杯紅茶。

6

細心地等到最後黃金般的一滴也落入茶杯裡，是很重要的訣竅。

7

完成！

這樣就完成了！在試飲時，要用湯匙舀起來，連著空氣一起含進口中。

Perfect Guide
Chapter >>> 03

由紅茶研究家傳授最新的沖泡法！

醞釀出一杯完美紅茶所需的7大沖煮理論

紅茶的風味會因沖煮方式的小小不同而產生變化，
最重要的關鍵，就由磯淵猛老師來傳授給大家，
讓各位都能立即沖泡出一杯頂尖的紅茶！

掌握紅茶美味關鍵的「跳躍運動」

紅茶的美味與否，決定於味道、香氣以及茶色三大要素，引發這三大要素到極限的必要原則，可分為七個沖程。接下來將深入淺出地介紹給大家。

首先各位必須熟記掌握紅茶美味關鍵的「跳躍運動」（Jumping），也就是茶葉隨著沖入壺中的滾燙熱水上下對流、躍動的情形。經由跳躍運動，細小的茶葉將會均勻地混在熱水中，萃取出完美的紅茶。

為了激發水壺內的跳躍運動，熱水中必須含有足夠的氧氣，熱水的溫度夠不夠高到引起對流，也是很重要的一環。具備這些條件之後，接著只要快速地將熱水注入就可以了。趕快試著反覆練習，沖煮出一杯美味紅茶吧！

Theory 01

任何人都能做到 好喝紅茶「速成」沖煮法

用茶壺和茶葉來沖煮紅茶，可說是泡出好喝紅茶中的捷徑。
只要學會基本沖煮法，就能展現出紅茶前所未見的美味。

1 ¦ 將熱水煮至沸騰

煮沸1.5公升以上的新鮮白開水，為了讓氧氣能大量保留在水中，在水溫達到95～98℃時就要停火，確定看到氣泡在水面不斷起伏波動就可以了。

2 ¦ 把茶葉放入茶壺中

想要沖煮出好喝的紅茶，並不需要過多的茶葉。一次沖煮好幾杯時，以每人份2g（1茶匙為1杯）為基本用量。

3 ¦ 把滾燙的熱水注入茶壺

把煮至95～98℃的熱水，瞄準茶葉高速沖下。水壺的注水口可以高一些，讓水注入時能帶入更多氧氣。

4 ¦ 萃取約3～4分鐘

注入熱水後，馬上將茶壺蓋緊，靜待3～4分鐘（視茶葉種類調整）。這時茶壺裡是否已經引起跳躍運動，決定了紅茶是否好喝。

5 ¦ 將紅茶倒至茶杯

萃取完畢後，茶壺中的茶葉吸飽了水而變得較重，沉下壺底時，正是倒茶的好時機。可以配合濾網或濾茶器來倒紅茶。

6 ¦ 要倒到連最後一滴都不剩

茶壺中裝有約兩杯半的紅茶，因此注完第一杯，自第二杯開始就要用熱水兌開，用來調整味道。

Theory

02

只要用對方法 茶包也能泡出絕頂紅茶

不管在家裡、辦公室，都能隨手使用的紅茶茶包。
只要學會正確的沖煮法，茶包也能展現十足美味。

用茶壺沖煮茶包時

1 將熱水注入壺中

把熱水注入壺中時，熱水的溫度和平時一樣，以95～98℃、一人份200～300ml左右為準。熱水要比茶包先放入壺中，是最重要的第一步。

▼

2 放入茶包

把茶包放進茶壺中（一人份一個）。茶包和熱水的順序如果反了，茶葉就會因為被水流擊打而釋放出纖維質，一定要特別注意。接著蓋上壺蓋，開始萃取。

▼

3 萃取紅茶

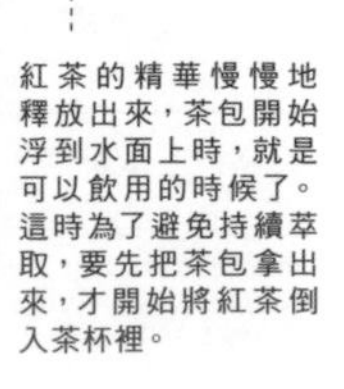

紅茶的精華慢慢地釋放出來，茶包開始浮到水面上時，就是可以飲用的時候了。這時為了避免持續萃取，要先把茶包拿出來，才開始將紅茶倒入茶杯裡。

＋

Column

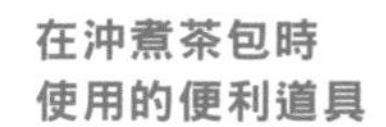

在沖煮茶包時使用的便利道具

上）市面上有賣茶包專用的茶杯。下）茶包的質料有不織布、紙、紗布、尼龍網布等，質材多不勝數。

用茶杯沖煮茶包時

1 先將熱水倒入茶杯中

先將熱水倒入茶杯（最好附有蓋子）。和用茶壺沖煮時相同，必須先倒熱水。若用馬克杯時，熱水的份量約為200～250ml，茶杯的話則以150ml左右為適量。

2 放入茶包

放入一個喜歡的茶包。茶包一開始會沉在杯底，接著慢慢地浮起來。要注意的是不必拉著茶包的繩子搖晃，且不需要硬性加強萃取。

3 蓋上杯蓋萃取

當茶包浮上水面時，蓋上茶杯的蓋子，讓茶包在杯中持續熱蒸，進行萃取。最恰當的萃取時間是放入茶包後的2分鐘。

4 萃取完畢

算準萃取的時間，細心地將茶包取出。視茶包的形狀和質料，萃取的時間也會有所不同，要多下點工夫。使用完的茶包則可以折好放在杯蓋上。

Column

沖煮奶茶時先放牛奶

1 預先暖杯

要調製奶茶的時候，由於是使用常溫的牛奶，所以使用的茶杯要先預熱，這個手續相當重要。

2 注入牛奶

先將牛奶（低溫殺菌處理的鮮奶為佳）注入杯中，要盡可能縮小牛奶的溫度變化，降低蛋白質受熱而產生變化的程度。

3 注入紅茶

從牛奶的上方，注入依前述方式萃取出來的美味紅茶。不妨倒至茶杯九分滿，因為注得較滿的話，溫度會較為適當。

Theory 03

牛奶和砂糖的選擇方法

依喜好或當天的心情，加入牛奶或砂糖來享用紅茶吧！
茶類的口感會變得更圓潤，
也更能舒緩疲勞的身心。

調製奶茶時 使用熱變性低的低溫殺菌鮮奶

在紅茶中加進牛奶，紅茶的澀味會變得柔和，特別適合搭配含有牛奶脂肪的蛋糕、點心。想要調出好喝的奶茶，最好使用低溫殺菌（以約63～65℃進行長達30分鐘的殺菌過程）的鮮奶。這種鮮奶的熱變性較低，沒有一般牛奶燒焦般的硫磺味，調製成的奶茶喝起來後味清新爽口，唇齒留有甜香。

砂糖依形狀來分別使用 享受紅茶的方式將更多樣

砂糖依個人的喜好，加或不加都可以。完全不加調味品的BLACK TEA，特別能品嚐到紅茶本身具有的原味。加入砂糖，則能讓紅茶變得更好入口。依砂糖的形狀不同，享受紅茶的方式也不同，可以照自己當時的心情來使用。

最適合用於紅茶的是細白砂糖（左）。把一個方糖（中）含在嘴裡，再喝一口紅茶，享受方糖在嘴裡慢慢融化的過程，是最有意思的方式。粗糖（右）因為融化得很慢，能夠享受到紅茶味道逐漸變化的樂趣。

Theory

04 和平常的紅茶完全不同 手調紅茶配方

新鮮水果的果肉和香氣，能襯托出紅茶的美味。
以下介紹的調味配方都很簡單，請一定要動手試試！

葡萄柚雙色雪帕

材料（一人份）

冰紅茶（康提）……………120mℓ
葡萄柚………………………1/4個
（或是葡萄柚原汁30mℓ）
糖漿…………………………20mℓ
冰塊…………………………適量

1. 擠壓葡萄柚，把果汁集中在杯裡。
2. 倒進糖漿攪拌均勻。
3. 加進冰塊到八分滿。
4. 慢慢地注入冰紅茶，
最後在杯緣裝飾葡萄柚切片。

潘趣酒

材料（一人份）

冰紅茶（康提）……………120mℓ
水果（草莓、蘋果、香蕉、
葡萄、柳橙等）……………適量
糖漿…………………………20mℓ
蘇打水……30mℓ
冰塊………適量

1. 將各種水果切成小塊。
2. 把糖漿倒進手搖杯裡。
3. 接著注入冰紅茶，混合均勻。
4. 加進一開始切好的水果塊。
5. 最後加進蘇打水
和冰塊就完成了。

草莓紅茶

材料（一人份）

茶葉（康提）………4g
草莓…………………1顆
玫瑰酒………………1／3茶匙
熱水…………………適量

1. 在茶壺裡
放進半顆搗爛的草莓。
2. 放進茶葉後注入熱水，
萃取紅茶。
3. 另外半顆草莓放進茶杯，
淋上玫瑰酒後，
再將萃取完的紅茶倒進去。

蘋果洋甘菊紅茶

材料（一人份）

茶葉（汀普拉）………4g
蘋果切片………………3片
洋甘菊…………………一撮
牛奶（低溫殺菌鮮奶）……30mℓ
熱水……………………120mℓ

1. 將茶葉、一撮洋甘菊，
以及兩片切成薄片的蘋果
放進茶壺中。
2. 注入熱水萃取紅茶。
3. 把鮮奶倒進預熱好的茶杯中，
接著再把萃取好的紅茶
注入茶杯至九分滿。
4. 最後再放上切好的蘋果切片。

薄荷柳橙茶

材料（一人份）

茶葉（康提）………4g
柳橙切片……………1片
橙皮…………………適量
薄荷葉………………1撮
熱水…………………適量

1. 將茶葉、
乾薄荷葉、
橙皮放入茶壺中。
2. 注入熱水萃取紅茶。
3. 將柳橙切片放在茶杯中，
接著倒進萃取完成的紅茶，
最後裝飾幾片薄荷葉。

Theory

05

軟水還是硬水？水該怎麼煮？

紅茶的味道會因水的硬度、PH 酸鹼值等出現很大的變化。
多瞭解水的特性，就能更得心應手地引出紅茶本身的風味。

軟水

使用軟水來沖煮紅茶時，茶色會變淺，但味道會變強烈，澀味會更明顯，香氣也更濃郁。和康提等茶葉特別搭。

中軟水

和濃重的茶色相反，中軟水能緩和紅茶中具刺激性的澀味，調和出更圓潤的口感，特別適合大吉嶺和烏瓦等。

把水也當成紅茶的一種原料 沖煮一杯符合自己喜好的紅茶

在英國喝過紅茶的人，大部份的感想都是「喝起來很順口」。若要問為什麼，真相就在於水質的特徵。英國的水質屬於硬水，硬度在150～180左右，用這種水來沖煮紅茶，茶色會顯得濃重，但卻會緩和紅茶特有的澀味，讓味道變得柔和輕盈。紅茶中的主要成分——兒茶素，會和水中的鈣、鎂等礦物質結合，形成味道、香氣和茶色上的變化。愛茶的人請務必把水當成紅茶的原料之一，掌握其中的不同，才能沖煮出最合乎自己口味的紅茶。

使用自來水時，為了讓它能富含更多氧氣，可以提高注水口注入。如果用的是礦泉水，在使用前要先搖晃均勻，這樣能更促進沖煮時的跳躍運動。

Theory **06**

正確保存茶葉的方法

為了不損及茶葉的風味和味道，一定要做好保存工作。
先清楚各種容器的特性，再依喜好選擇樣式！

原包裝一旦開封 就要移到密閉性高的容器中

以前，王公貴族都將茶葉保管在像是寶物箱般，附有鑰匙的木箱裡。直至今日，對現在的英國人來說，紅茶已經是家庭必備的重要日常飲品。受到大家喜愛的紅茶，最重要的就是新鮮度。保管時務必使用能阻斷光線和濕氣的密封罐，平時可以置於室溫狀態，但氣溫明顯升高的夏天，最好放到冰箱裡冷藏。另外，紅茶很容易吸收味道，所以要避免放在味道重的東西旁。

就機能性來說，日式茶罐最為理想。其他如陶器、琺瑯罐都是很好的選擇。玻璃製的罐子會透光，但可透視的外觀令人喜愛，也能當作室內裝飾品。不管哪種，都選擇100g以上的容量，將茶葉保管在較大的容器中。

Theory **07**

茶具就該這樣挑

現在介紹沖煮美味紅茶的茶具、用具的挑選重點。
請要收集茶類道具的人，務必納入參考！

◀ 銅壺

為了讓氧氣能夠留在熱水裡，熱水要盡可能快速煮沸才行，因此建議可以使用導熱性較高的銅製水壺。

▶ 茶壺

建議使用陶瓷製的圓型茶壺，這種茶壺在注入熱水時，更容易引發跳躍運動。注意要選注水口較短的款式。

◀ 茶壺保溫套

為了替紅茶保溫，罩在茶壺外的布套。想拉長享受紅茶的時間時，它是最派得上用場的好東西。

▶ 沙漏

萃取紅茶時用的沙漏（3分鐘規格）。依茶葉不同，最佳萃取時間也會有些微差異，學著從經驗中掌握時機吧。

▲ 茶杯

基本上茶杯要選壁薄而廣口的設計，為了讓茶色清楚可辨，選內面為白色的款式較佳。

▶ 濾茶器

將紅茶倒進茶杯裡時，可使用濾茶器來避免茶葉跟著倒進杯子裡，也可以用日式的茶篩代替。

▶ 茶匙

比咖啡匙略大一些，也可用來計量茶葉。OP茶葉一匙大約是2g，BOP是2.5g，CTC或F、D一匙約有3g。

1.1773年12月16日，美國為了宣示拒買英國紅茶而將大批船來茶葉棄置海中。2.波士頓茶葉事件成了美國獨立戰爭的導火線，最後美國於1776年正式獨立。3.英國東印度公司靠著和中國的茶業貿易賺進鉅額財富，間接促進了大英帝國的發展，圖為18世界中葉英國東印度公司全盛時期的公司建築。

享用美味紅茶的同時

尋根溯往 回顧紅茶的歷史

誕生在中國的茶葉，遠渡重洋到了英國，開展出紅茶文化之花。
輾轉四方的過程間，交織出壯麗的世界史。

喝茶的文化在17世紀時傳至歐洲，起點就在荷蘭。1602年，荷蘭率先成立了荷蘭東印度公司，1609年時在日本的平戶開立貿易商館，翌年將日本的綠茶帶回荷蘭。東洋的茶碗、茶具以及獨特的沖泡方式，受到貴族們的高度評價，紛紛熱衷於這種來自東洋的文化，加上當時的茶葉，價格和金銀不相上下，因此也成為名流間流行的誇示財力方式。

接著茶葉自荷蘭被帶到英國，最早開始賣茶葉是在1657年倫敦的咖啡廳「Garraway」。據說那時茶被定位為一種健康飲料。

而讓茶葉的地位落實在英國上流社會的人，正是與茶葉有許多佳話的凱薩琳公主（Catherine of Braganza）。她是1662年英國查理二世自葡萄牙迎娶來的皇后，她將當時最新穎的茶葉帶在身邊每天飲用，去拜訪她的名流貴婦們深受茶的吸引，不知不覺間，「皇后的茶」成了貴族女性們的憧憬，可說是凱薩琳皇后大舉提升了茶的形象地位。

進入1680年代後，英國東印度公司開始進行大規模的茶葉貿易，到了1706年，湯瑪士·唐寧自英國東印度公司獨立出來，開始銷售茶葉，也就是現今無人不知的「Twinings」（唐寧）茶業公司創始人。1717年起，中國開始與英國東印度公司進行直接貿易，而到了18世紀，綠茶和紅茶的人氣大逆轉，至中葉時，紅茶的市場佔有率已經具有絕對的壓倒性。

另一方面，紅茶的人氣也在美國如火如荼地展開。美國原本透過英國東印度公司進口紅茶，但由於課稅沉重，因此經常透過其他管道走私來自荷蘭的紅茶。

茶的歷史年表

1602年	荷蘭東印度公司創業。
1610年	荷蘭開始進口中國茶葉。
1657年	英國的咖啡廳開始銷售茶飲。
1662年	英國查理二世迎娶凱薩琳公主。 喝茶文化開始落實於英國貴族社會。
1706年	湯瑪士·唐寧開始著手 茶葉銷售事業。
1717年	英國東印度公司開始直接 和中國進行茶葉貿易活動。
1773年	英國對美國頒布「茶葉貿易條例」， 引發波士頓茶葉事件。
1784年	唐寧公司的理查·唐寧 向英國政府訴請減免紅茶課稅。
1823年	英國的羅伯特·布魯斯少校 在印度發現了阿薩姆品種茶樹。
1834年	印度總督威廉·班庭克大公 設立茶業委員會， 扭轉英國東印度公司的虧損。
1839年	世界上首家紅茶貿易公司 「Assam Company」成立。
1840年代	第七世貝特弗公爵夫人安娜 首創下午茶。
1841年	A. Campbell博士在印度大吉嶺地區 栽種中國種茶樹。
1853年	印度尼爾吉里出現首座茶園。
1867年	「錫蘭紅茶之父」詹姆斯·泰勒 於斯里蘭卡著手種植茶樹。
1869年	蘇伊士運河開通。
1872年	爪哇地區引進阿薩姆茶樹， 將茶業視為國家產業正式進行栽種。
1876年	中國人余千臣在祁門地方 成功培育出優質茶葉。
1887年	紅茶首度登陸日本。
1890年	湯瑪斯·立頓在烏瓦開闢自有茶園。
1890年代	斯里蘭卡的汀普拉開始栽種茶葉。
1903年	肯亞開始栽種茶葉。
1904年	美國聖路易斯舉行的萬國博覽會上， 冰紅茶首度問世。
1925年	大葉種紅茶自日本引進台灣。

2

3

英國對此極為反彈，頒布各項蠻橫收取高額稅賦的條例，因而引起殖民地的憤怒，導致1773年的「波士頓茶葉事件」(Boston Tea Party，亦稱為「波士頓傾茶事件」)，一隊美國人潛入三艘停泊在波士頓港的貨船，並將貨艙裡堆積如山的茶葉一箱箱棄置於大海。這個事件在輾轉發酵之下，最後導向了美國獨立戰爭。

1823年，英國的羅伯特·布魯斯少校在印度阿薩姆地方發現了茶樹。當時的印度仍為英國殖民地，英國終於獲得了不需仰賴進口而能自行生產茶葉的機會。布魯斯少校的胞弟C. A. 布魯斯也留在當地致力於栽種茶樹。

1849年，《航海法案》(The Navigation Acts）正式遭廢除，1869年蘇伊士運河開通，過去遠跨中國與倫敦需花上長達90天的航程，一口氣縮短為28天。那時正好也是印度阿薩姆栽種成功，「錫蘭紅茶之父」詹姆斯·泰勒(James Taylor）進而開始嘗試在斯里蘭卡錫蘭島栽種茶樹的時期。

到了1890年，湯瑪斯·立頓首開先例地在烏瓦開闢公司自有的茶園，立頓紅茶迅速在世界紅茶市場上開拓出一席之地。

而到了1925年，大葉種紅茶也經由日本引進到台灣。隨著時代邁向20世紀，原本高不可攀的紅茶，也慢慢地逐步走進民間，成為大眾日常生活中的一部份。

4.1840年阿薩姆地區開始製作紅茶，由於是自中國引進技術員，所以製作方式近似烏龍茶。5.19世紀中葉隨著鴉片戰爭落幕，中國貿易自由化，各國紛紛增置快速帆船設立運茶專用的航線。6.18世紀中葉，由王公貴族首創的下午茶風氣。當時，持有高價的茶葉是富豪門第的象徵。7.1662年遠嫁查理二世的葡萄牙公主凱薩琳皇后，為了表示將印度割讓給英國，將印度更名為英屬印度(British India)。

把茶葉的味道、香氣發揮得淋漓盡致

比想像中簡單！冷泡紅茶的世界

冷泡紅茶一向給人門檻很高的感覺，但其實用家裡現有的用具就能自己動手調製冷泡紅茶，而且手續簡單得讓人大吃一驚。現在為各位推薦任何人都能隨時泡製的冷泡紅茶訣竅。

小林真夕子
「紅茶教室　TEA STYLE」
紅茶顧問

前往紐西蘭留學時，發現自己對紅茶的愛好，接著前往美國科羅拉多州專攻國際經濟學與旅行學，畢業後進入企業負責紅茶進口部門業務。2005年取得紅茶顧問資格，開始活躍於紅茶業界。
紅茶教室　TEA STYLE
http:www006.upp.so.net.ne.jp/teastyle/top.html　※現在休業中

冷泡紅茶的好喝之處、美味的原因

不需要多花工夫就能調製出頂級冰紅茶的冷泡手法。
請用沉眠在廚房裡的茶葉或茶包試試冷泡紅茶吧。

沖出好喝冷泡紅茶的方法

準備喜歡的茶葉

首先要選好茶葉。不妨在專賣店諮詢適合做冷泡紅茶的茶葉，也可以用一般市售的茶包。

將茶葉放入壺中

茶葉和水的比例以1公升比8～10g茶葉為佳，記成大約3茶匙就可以了，茶包則大約是3～4個。

把水注入茶壺

水會很直接地影響冷泡紅茶的味道，請使用淨水器濾過的淨水或礦泉水來沖泡。

放到冰箱 靜置約7～8小時

接下來就放到冰箱裡慢慢萃取，常溫下則約5～6小時。放置一段時間後，把茶葉取出，紅茶則放回冰箱繼續冷藏。

完成了！

放置一個晚上後，清爽好喝的冷泡紅茶就完成了！這壺茶可以放一天，訣竅就在於一開始就要先抓準喝的份量。

什麼是乳化？

相信很多人在家裡自己沖冰紅茶時，都碰過沖好的紅茶變得白濁的情況，這就是乳化現象。茶葉中的兒茶素和咖啡因遇熱融出後產生化合作用，形成令人不舒服的酸澀味，讓茶湯變得渾濁。就這點來說，冷泡紅茶的魅力就在於完全不用熱水，簡單就能完成清澈透明的好喝冰紅茶。

清澈纖細的味道
令人感到幸福絕頂的冰紅茶

最近在街頭巷尾日益受到歡迎的冷泡紅茶，極具人氣的原因除了不耗工夫的方便性之外，還有就是清爽順暢的口感。

紅茶教室的講師小林真夕子，三言兩語就道出了簡單中大有學問的冷泡紅茶真諦：「冷泡紅茶只要把水和茶葉裝在瓶子裡就可以了，和泡麥茶一樣簡單。而且冷泡紅茶沒有一般會有的澀味，也不會乳化，口感輕盈順暢。很多平常不太能喝紅茶的人，碰到冷泡紅茶也能輕易入口。」

首先要選擇茶葉，以適合直接飲用的茶葉，還有適合調製冰紅茶的類型為佳。「大吉嶺或努瓦拉艾莉這類在高地上栽種的茶葉，香氣芳醇，澀味濃厚，非常適合調冰紅茶。能夠享受多一層香氣的調味薰香茶也是很推薦的選擇。」

在水質方面，軟水比起硬水會較為適合，軟水的水質在冷泡時，既不會破壞茶葉原本的風味，同時能夠將茶葉的味道襯托得更加纖細。

用冷泡紅茶做成調味茶也很有意思，加進水果、香料或利口酒，只需要一點小技巧就能讓冷泡紅茶展現令人驚訝的華麗滋味。小林小姐說：「用冷水萃取出來的紅茶，不會有太強烈的特性，調味的空間很廣。加進一些水果或蘇打水就會完全不同，試著做些自己的獨家配方說不定也很不錯喔。」

靠家裡現有的用具就足夠了！

只要用每個家裡現有的東西就能馬上做出冷泡紅茶。
馬上動手在廚房裡找找吧！

茶壺

大小或樣式每家都不同，只要是能放進冰箱保存的容器，不管外型如何都能使用。

濾茶器

要把茶倒進茶杯裡時一定會用到的東西，在生活用品店很容易就能買到，垂吊式的濾茶器用起來也很方便。

礦泉水

做冷泡紅茶時，礦泉水是最佳選擇。比起硬水，軟水較為恰當，因此台灣礦泉水會比進口礦泉水更適合。

淨水器

沒有準備礦泉水的話，也可以用濾水瓶濾過的自來水。濾水瓶的價格很便宜，大約NT$1000元左右就能買到。

電子秤

想要正確計量茶葉份量的時候，就可以用電子秤。使用計量單位可以講究到1g的電子秤，能避免浪費茶葉。

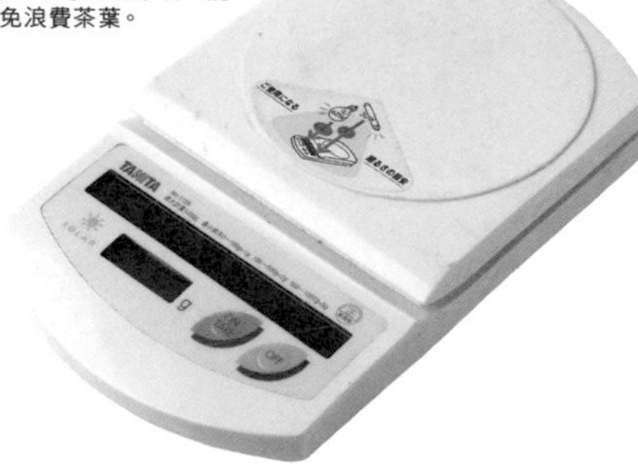

擁有會更方便的用具

茶包
（市售的茶包、茶袋等）

能省掉濾茶葉的步驟，善後處理很方便的用品。特別是要用到很多茶葉時，較大的茶袋能增加不少便利性。

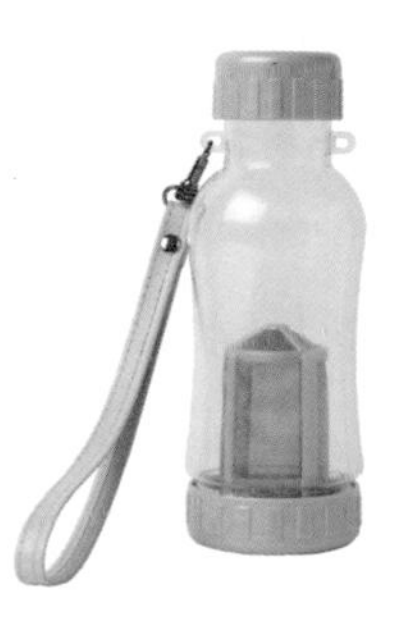

內附濾茶器的水

能夠放進包包裡隨身帶著走的水壺，由於內附濾茶器，只要一直補水就能不斷重複沖泡，是一項熱門商品。

內附濾茶器的隨身杯

附有茶葉專用濾器的水杯，用來做冷泡紅茶也相當方便。近來市面上也多了很多設計時髦的選擇。

什麼茶葉才適合冷泡沖程
只是換了茶葉品種就完全不同

喝起來暢快無比的冷泡紅茶，究竟適合用哪些茶葉呢？
現在就來詳細比較4種適合冷泡的茶葉吧！

努瓦拉艾莉

栽種在標高較高的地區，和高級劃上等號的斯里蘭卡紅茶。與烏瓦、汀普拉並列為斯里蘭卡三大高地茶的努瓦拉艾莉，是在標高最高的1800公尺區域生產的頂級品。茶葉纖細，因此能在較短的時間內萃取完全，但想要更突顯它的風味，不防等久一點。擁有像花一樣的優雅香氣和爽口的澀味，盡量以直接飲用的方式來品嚐吧。

產地：斯里蘭卡　**茶葉大小**：較細　**茶色**：淡橙色
風味：華麗豐盈的香氣　**最短萃取時間**：2～3小時

日本產紅茶

澀味柔和而帶有內斂的甘甜，具有一股甘醇風味。用日本產紅茶來沖製冷泡茶時，適合使用採集於日本的礦泉水。建議可以先直接飲用，品味紅茶纖細柔和的口感。除了搭配西式糕點，配上日式和果子也相襯得完美無缺。

產地：日本　**茶葉大小**：較大　**茶色**：淺褐色
風味：柔和甘甜　**最短萃取時間**：4～5小時

大吉嶺 春茶

大吉嶺具有水果般的香氣和清爽動人的風味，因而被稱為「紅茶中的香檳」。春茶是春季第一輪採收下來的茶葉，此種茶葉使用許多剛萌發之鮮嫩毫芽，香氣比一般的大吉嶺更馥郁，風味和澀味則稍淺，與其說是紅茶，感覺更像綠茶。用來沖製冷泡紅茶時，不會有大吉嶺獨特的澀味，能享受到甘甜清澈的滋味，適合直接飲用。在紅茶專賣店裡，一年四季都能買到。

產地：印度　**茶葉大小**：較大
茶色：淡黃色　**風味**：水果香
最短萃取時間：3～4小時

肯亞紅茶

最近市場上經常可以看到非洲產的紅茶，採取完全無農藥的栽培方式，正是肯亞紅茶最大的特徵。肯亞紅茶幾乎全都採取乾燥過後輾成細小球型的CTC製程，萃取時間很短，是CTC茶葉的魅力所在。經細緻手工摘取的茶葉，具有平衡的口感。不只適合直接飲用，也很適於製作調味茶。

產地：非洲　**茶葉大小**：CTC
茶色：深褐色　**風味**：清澈爽口　**最短萃取時間**：1～2小時

啜飲著紅茶，遙想茶葉產地的景致

在世界上屈指可數的知名紅茶產地——努瓦拉艾莉，實地探訪標高達1800公尺的廣大土地，隨處可見身背重達20公斤茶籠、勤勉摘採茶葉的女性身影。小林真夕子有感而發地說：「栽培紅茶和培育其他的食物一樣，全靠上天的恩惠和背後的辛苦工作。因此人不能只是顧著享受，要帶著感謝大自然的心情去細細品味。」品味紅茶時，別忘了在光鮮體面的世界背後，產地的人們所付出的努力。

簡單的冷泡紅茶再升級

花點小工夫就能更豐美的調味紅茶配方

味道順口的冷泡紅茶，調味起來既簡單又百無禁忌。
加入的配料千變萬化，享受方法全看自己。

紅茶蘇打

材料

努瓦拉艾莉　140cc

蘇打水　60cc

糖漿　適量

❶ 先把糖漿倒入玻璃杯中。
❷ 將萃取完全的努瓦拉艾莉注入杯中，攪拌均勻。
❸ 接著慢慢地加進蘇打水就完成了。

※可以用薑汁汽水代替蘇打水。
※加進少許糖漬生薑或柚子皮也很美味。

水果茶

材料

肯亞紅茶　200cc　冰塊　適量

各種水果　適量（奇異果、香蕉、蘋果、鳳梨等）

❶ 把各種水果切成大約1cm左右。
❷ 把水果丁、冰塊和肯亞紅茶依序倒入玻璃杯中。
❸ 最後再放上奇異果切片。
❹一邊攪拌一邊飲用。

※加進葡萄柚或柳橙就是柑橘水果茶，換成藍莓或覆盆子的話就是莓果紅茶。

建議選用當季盛產的水果。此外，像是特地保留些許蘋果外皮等，切水果時稍微花點心思，就能讓外觀更加華美豐盛。不需另外加糖，水果茶就會有天然的酸甜滋味。

材料

日本紅茶　140cc
梅酒　60cc
糖漿　適量
醃梅子　1顆

梅酒紅茶

❶ 先把糖漿倒入玻璃杯中。
❷ 注入日本紅茶，輕輕攪拌均勻。
❸ 慢慢地注入梅酒。
❹ 最後裝飾一顆梅子就完成了。

※梅酒、糖漿的份量可依個人喜好調整。
※也推薦加進蘇打水調成梅酒蘇打紅茶。
※除了梅酒之外，
還可以用香檳、氣泡酒等，變化無窮。

薄荷冰茶

材料

大吉嶺春茶（茶葉）　10g
乾燥薄荷　2～3g（約1茶匙）
礦泉水　1ℓ　香薄荷　1片

❶ 把茶葉和乾燥薄荷放進茶壺中。
❷ 一口氣把礦泉水倒進茶壺裡。
❸ 放進冰箱萃取約6～7小時。
❹ 分別倒至茶杯中，裝飾上香薄荷葉。

讓味道截然不同的魔法香料

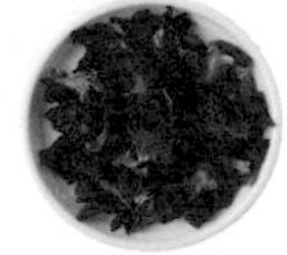

乾燥玫瑰

加進一點就能散發出優雅的高貴香氣。也可讓花瓣浮在茶面上，視覺上相當討人喜歡。

乾燥薄荷

薄荷茶所不可欠缺的香草，為紅茶增添爽口清涼的味道，同時還有增進食慾的效果。

小豆蔻

擁有香料之后的美稱，能加進任何料理中的清爽風味，正是小豆蔻的特徵。加進水果茶中也十分搭配。

肉桂

獨特的香氣，不管和哪種茶葉都渾然天成，只要加點糖漿就能好喝無比。1公升的水大約可加2根左右。

香料的甜～美誘惑

放鬆一下
來杯香料茶如何？

香料的濃郁馨香，讓口感圓潤的奶茶更具深度風味。
酷熱的夏天，小豆蔻能讓體溫降低，寒冷的冬天則用生薑來暖和身體。
喝著香料茶，異國之風油然而生，不妨現在就來杯香料茶如何？

世界各國

各式各樣的香料茶

雖說是「香料茶」，但不同地區的喝起來各有特色。
添加的香料種類、有無牛奶等，甚至還有不會用到紅茶的類型呢！

埃及

木槿茶

連克麗奧佩脫拉
也喜歡的飲品

在埃及，說到香料茶都是用一般紅茶加砂糖沖煮而成，而這種木槿茶則是100%用木槿花煮成的飲品。使用乾燥的花瓣沖煮時，為了緩和酸味，會加進砂糖或蜂蜜。這種飲品含有大量維他命C及檸檬酸，也有許多鉀元素，據說以前的埃及豔后就為了美容而經常喝木槿茶。

印度

瑪撒拉印度奶茶

台灣的香料茶就是這種！

用茶葉加上香料沖煮出來的奶茶，原本是使用稱為「茶粉」的細粉狀茶葉，有些地方也會使用CTC的阿薩姆茶葉代替。除了加進生薑、肉桂、小豆蔻和丁香之外，還要加進許多砂糖，煮得甜甜蜜蜜。

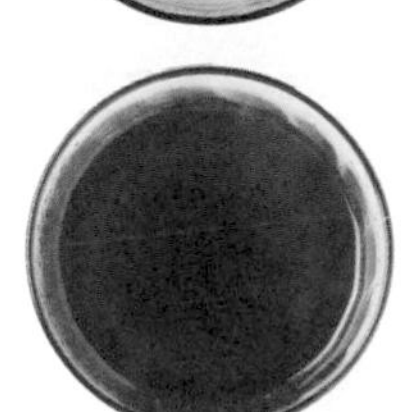

尼泊爾

茶&卡羅查

一天可以喝好幾杯的日常味道

尼泊爾人把錯落於街頭巷尾的茶店視為社交場所，經常人聲鼎沸。當地人會把餅乾加進香料茶裡吃。家裡有養水牛的人，會用牛奶來沖煮茶葉。而沒有養牛的家庭則喝不加牛奶的卡羅查（純紅茶）。很多紅茶也未必有加香料，唯一的共通點是都會加許入多砂糖。

肯亞

奶茶&紅茶

早餐不可欠缺的好夥伴！

在肯亞首都奈洛比的大部份公司中，仍保留傳統的喝茶習慣，早晚餐也大多仍以茶為主。畜牧業發達的內陸地區，習慣飲用加進許多牛奶，而不太加香料的奶茶（Chai Ya Majiwa）。沿海都市則愛喝添加香料，不加牛奶的調味紅茶（Chai Ya Rangi）。

土耳其

土耳其蘋果茶

像果汁一樣的蘋果茶？

煮茶時使用稱為茶炊（Samovar）或「Çaydanlık」的兩層式茶壺，一般來說，會加進許多方糖調味。圖片中的是叫做「Elma Chay」的蘋果紅茶，也是土耳其人日常的飲品。裡面並沒有放茶葉，喝起來的味道就像是熱的蘋果汁，很多人一喝就上癮。

調製香料茶的必需品

風味特殊的香料

香料茶的最大關鍵，不必說，當然是香料的味道。
肉桂、小豆蔻、胡椒等，大膽加進自己喜歡的香料吧！

肉桂粉

磨成粉末的肉桂，可以立即帶來香氣和味道，能做為最後的微調或全面性的調味。

小豆蔻

咖哩中很常見的香料。把豆莢壓碎，享受種子帶來的清涼滋味。

Q 想要收齊這麼多香料似乎很不容易呢⋯⋯

A 運用瑪撒拉香料（Chai Masala）就能輕鬆完成！

到香料茶的專賣店購買！

15g／420日幣

chai break

瑪撒拉印度奶茶特調香料

自社加工並直接進口的香料，香氣特別出眾。圖片為汀普拉BOPF（1,102日幣）。

chai break

武藏野市御殿山1-3-2
☎0422-79-9071
營業時間／11：00～20：00
公休／星期二
http//www.chai-break.com/

到香料專賣店選購！

19g/525円

L'epice et Epice

瑪撒拉印度奶茶

小豆蔻帶來清爽動人的香氣，和阿薩姆紅茶特別相配，用弱火煮2～3分就可完成。

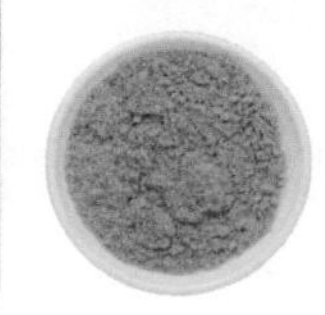

L'épice et Épice

目黑區自由丘2-2-11
☎03-5726-1144
營業時間／12：00～18：00
星期六、日、假日11：00～
公休／星期三
http://www.lepiepi.com/

到紅茶專賣店洽購！

24g/650円

綠碧紅茶苑

瑪撒拉生薑口味

生薑帶來微嗆辣的口感，喝起來清爽易入喉，是能溫暖身體的配方。

LUPICIA

綠碧紅茶苑

客服洽詢專線
0800-808-186
http://lupicia.com.tw/

月桂葉

甜香中帶有一絲微苦，把葉片擰碎或撕碎更能引出香氣。

生薑

削皮、切片、刨絲、磨成薑泥……處理方式千變萬化，帶來不同的味道。

丁香

把花蕾處壓碎，就會散發出獨特而清爽的香氣，適合少量使用。

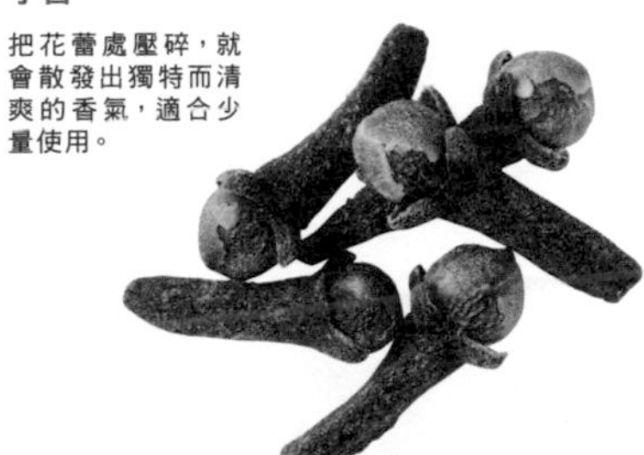

Q 話說回來，到底香料茶（Chai）是什麼？

A 濃濃香料味馨香撲鼻的奶茶。

說到香料茶，大多令人聯想到印度的瑪撒拉印度奶茶。用水和牛奶、茶葉放到鍋裡熬煮而成，運用砂糖和香料來增添甜味及香辛味。原本這是為了將賣不出去的茶葉煮成好喝的飲料，而漸漸演變出來的煮法，是一種市井小民巧思下的產物。此外，Chai這個字本身指的就是「茶」。因此也有沒有用牛奶、香料的Chai，甚至還有的連茶葉也不用，世界各地都有其生活文化下培育出來的獨特Chai。

八角

在中式料理中極為常見，少量就能散發強烈香味，只要一點，味道馬上不同。

肉桂

肉桂枝的樹皮相當厚，但經過熬煮後就會呈現出強烈的芳香。

Q 哪種茶葉適合煮印度奶茶呢？

A 尺寸較小，味道不會被牛奶蓋過去的茶葉。

首先推薦的就是阿薩姆CTC。CTC、BOPF～DUST等級，萃取出來的茶湯較為濃厚，很適合添加牛奶，茶包也適合調製印度奶茶。由於要加入味道濃重的香料，所以一開始就要避免使用調味過的茶品。

黑胡椒

黑胡椒主要是用來消除牛奶的味道，也可用市面上賣的粗粒黑胡椒。

香料茶愛好者為之瘋狂

香料茶配方獨家大公開！

每個國家、每個家庭都有自己不同的香料茶配方。
現在就由七家各具特色的店，為各位公開他們的香料茶配方。

「Chai King」
尼泊爾香料茶

Chai King
神奈川縣橫濱市青葉區美丘2-21-1
☎045-901-0893
營業時間／12：00～17：00 18：00～24：00
公休／星期四、每月第一、三個星期三
http://chai-king.com/

店長
吉村舞子

材料（8人份）

- 牛奶 1ℓ
- 水 1ℓ
- 茶葉 5大匙
- 砂糖 7～8大匙
- 黑胡椒 適量
- 生薑切片 10片

「Chai King」所使用的茶葉，是用Broken的伊朗茶和阿薩姆的CTC茶葉混調而成。這是吉村小姐自尼泊爾採購的商品，可說是最適合用來調製印度奶茶的原創調配茶葉。尼泊爾當地許多家庭都有飼養水牛，所以都是用水牛的牛奶來煮奶茶。吉村小姐告訴我們：「在日本不太可能用水牛的牛奶來煮，但為了更接近當地的原味，所以我前前後後做了不少嘗試和實驗，才調製出現在的味道。」

尼泊爾印度奶茶300日幣（18：00之後加100日幣）。尼泊爾達八風味餐1,200日幣，有達八飯和咖哩，請務必用手抓來吃吃看。

首先，把生薑切得細碎，另外把牛奶和水放到鍋裡，點火開始煮。

撒上黑胡椒並放進薑末，加熱直到煮沸。香料的份量基本上是看個人喜好，但「Chai King」是以10片薑片為準，黑胡椒則是轉20下。

已經煮滾的模樣。牛奶不斷冒起泡沫後，把火稍微轉小一點，往豐盛的泡沫裡，撒上滿滿5大匙茶葉。

用調理棒攪拌均勻，火的大小就控制在鍋裡的東西仍會咕嘟作響的程度，但不要讓水位漲到步驟3那麼高。熬煮30分鐘，不時攪拌一下，避免茶葉沾在鍋子上。

經過30分鐘後，鍋裡的奶茶只剩下這麼多。

關火後，加進7大匙砂糖。攪拌均勻。

整鍋都攪勻後，蓋上鍋蓋，靜待半小時到一小時讓它冷卻。這段時間裡，香料的味道會滲透到每一滴奶茶裡，讓整鍋奶茶充滿香料風味。

用濾網過濾雜質後就完成了。喝之前可以再溫熱，並做味道上的微調。

豐富的變化性！儘管加入喜歡的味道吧

印度奶茶　300日幣

丁香或肉桂的甜香，加上小豆蔻的清爽，巧妙地混合在砂糖的甜美中。

蘭姆酒印度奶茶　600日幣

使用在國際蘭姆酒展覽中獲得金牌獎的尼泊爾Khukur Rum酒，是香氣極為出眾的逸品。

「克拉拉之風」
瑪撒拉印度奶茶

店內使用 CTC 茶葉，比起品牌或產地，堅持使用優質的 CTC 茶葉才是重點。具有不會被香料或牛奶蓋過去的濃郁茶香和澀味。

印度奶茶350日幣。點用商業午餐或晚間套餐的話，將可獲免費招待一杯。一邊享用南印度的豆子所做的瓦達餅（2個500日幣），一邊感受異國風情的輕食。

材料（20人份）

牛奶　1.2ℓ　水　1ℓ
茶葉　15大匙
砂糖　160g
肉桂（完整）　一小撮

（香料湯）
溫熱水　200mℓ
小豆蔻　約10粒　生薑　50g左右
黑胡椒　2大匙

★香料湯的調製法
把材料放進果汁機或調理機裡，
加入足以順暢攪拌的溫開水或水。
接著啟動果汁機，打到香料的味道散發出來。

1.把1ℓ的水經火加熱，並放入15大匙的茶葉。
2.放入一小撮肉桂，攪拌均勻，不要讓肉桂浮在水面上。煮約1～2分。
3.倒入1.2ℓ牛奶。等全部煮至沸騰後，把火轉小，放入160g砂糖，再度煮至沸騰。
4.加進香料湯，轉強火讓鍋子在短時間內沸騰。煮過頭的話，香氣會揮發光光，一定要注意。
5.使用濾茶器或濾網篩過。
6.接著再用濾孔更細的紅茶用濾茶器濾淨雜質。

克拉拉之風

大田區山王3-1-10
☎03-3771-1600
營業時間／11：30～15：00（LO14：30）・18：00～22：00（LO21：30）
※星期三僅供晚餐　公休／星期二
http://hwsa8.gyao.ne.jp/kerala-kaza/

★

沼尻匡彥

小心鍋子別溢出來！

在第3、4步驟中，所謂的沸騰，指的是周邊開始冒泡的情況。用大火加熱時，關鍵是掌握不要讓鍋內奶茶滾到溢出的時機。

「Cafe Mame-Hico」
豆漿印度奶茶

「Cafe Mame-Hico」所使用的「瑪撒拉」，不是加進香料的茶葉，而是一種專為印度奶茶量身訂做的混調茶葉。店內可購買茶葉回家自行煮製（10g／100 日幣）。

建議使用易融、甜度又夠的黃砂糖。

上原靖代

材料（1杯份）

- 豆漿　200㎖
- 熱水　50㎖
- 茶葉　6g
- 黃砂糖　6g

- 綜合香料（小豆蔻、生薑）　2g

1

2

3

4

1.首先把茶葉、香料、砂糖都放進鍋中，加入50㎖熱水，讓茶葉先泡開。
2.使用中火把水煮熱，待開始冒水蒸氣，也開始呈現茶湯顏色時，倒入200㎖豆漿。
3.茶葉很容易沉入鍋底，因此要不時攪拌，並注意水不要滾起來。
4.當鍋邊開始滋滋響時，關火用餘熱悶1分鐘。
5.最後用濾茶器過濾雜質即可。
喝的時候，可以依喜好加方糖，味道將顯得更柔和好喝。

800日幣的豆漿印度奶茶，是一款以濃濃豆漿口感為魅力的少見飲品。店裡還可以買到甜味非常柔和的好吃方糖。

請使用未二度加工的豆漿

「Cafe Mame-Hico」用的是不經二度加工的完整成分豆漿。煮製過程中一旦沸騰，豆漿會出現苦味，所以要一邊攪拌，一邊注意在瀕臨沸騰前關火。

Cafe Mame-Hico　澀谷店

東京都澀谷區宇田川町37-11
☎03-6427-0745
營業時間／8：00～23：00（LO22：30）
公休／無
http://www.mamehico.com/

「紅茶工房」
香檸牛奶印度奶茶

「紅茶工房」使用的是烏瓦紅茶，獨特的清涼感把檸檬香襯托得更芬芳，煮濃一點也不會被牛奶味蓋過去。店內也有販售調配好的印度奶茶茶葉（30g ／ 399 日幣）。

材料（2杯份）

牛奶　200㎖
水　200㎖
茶葉　6g
砂糖　適量
奶油花　茶匙大2團
檸檬皮　指甲大小7～8片

★檸檬僅使用皮的部份，準備指甲大小的檸檬皮約7、8片。
其中2片做裝飾用，先切成細碎狀。
預先把鮮奶油打發，擠一團奶油花，放置8～10分鐘讓它固化。

1.把200㎖的水和茶葉放進鍋裡。
點火後加進5、6片檸檬皮，用大火煮透。
2.當鍋邊開始冒泡時，轉為中火熬約5分鐘，
這時不去攪拌是重要的訣竅。
3.倒入200㎖牛奶，火力轉至比大火略小，煮至鍋邊開始滾了就停火。
4.用濾茶器濾掉雜質後，倒入茶壺中。
把預先做好的奶油花和碎檸檬皮放進茶杯中。
5.奶茶自茶杯外緣處注入，奶油花就會慢慢地浮起來。

檸檬皮
要盡可能
削得薄一些。

上瀧克美

1　　2

3　　4

放進茶葉後就盡量避免攪拌

攪拌時很容易傷到茶葉，導致產生澀味。只要有檸檬就能煮出口感清爽的印度奶茶了，因此要避免無意義的攪拌動作。

紅茶工房

神奈川縣橫須賀市馬崛町3-2-2
☎046-841-1106
營業時間／11：00～22：00
（LO21：00） 公休／新年
http://www.remus.dti.ne.jp/～tea-shop/

香檸牛奶印度奶茶945日幣。每個月都不同的「本月鬆餅」搭配「本月紅茶」套餐945日幣。圖片中的是放了一大球開心果冰淇淋的栗子鬆餅。

「Africansquare」

肯亞香料茶

「肯亞山脈紅茶」（200g／1,050日幣）是採CTC製程加工而成的BPI。在火山土壤環境中採取無農藥栽培，因此雖然是阿薩姆種，但味道不會太澀。

1

2

3

4

直接飲用的紅茶和奶茶差別就在這！

直接飲用的紅茶，為了避免茶湯產生太大的澀味，因此萃取時間較短。而加入牛奶的時候，要先放生薑、茶葉和砂糖，熬煮約3～5分鐘。

今天要教大家
我在非洲時
學到的配方。

井上真悠子

材料（5人份）

- 水　600ml　茶葉　15g
- 砂糖　30～40g
- 黑胡椒（粗粒）　少許
- 生薑　10g

1.用研磨板把生薑磨碎，以不要出太多汁，還保留些許顆粒感的程度為最佳。
一般家庭也可以用現成的生薑泥。
2.鍋裡裝600ml的水後，預先煮滾。
3.把生薑、砂糖、黑胡椒、茶葉都放進去。
4.一邊試味道，適當時停火，萃取約4分鐘。
CTC茶葉不會泡開，所以要看茶湯的顏色來判斷，顏色略深時最佳。
5.用濾茶器濾過就完成了。
倒滿杯子直到溢至碟子上，是肯亞的特殊風格。
最後像是喝酒似地把碟子上的茶也喝乾吧。

對熱愛甜食的肯亞人來說，加入大量砂糖的香料茶是日常生活中少不了的重要飲品。加進黑胡椒調味的香料茶，據說對緩和腹痛很有效果。

Africansquare

琦玉縣川越市增形3-2
☎049-241-9186
http://www.african-sq.co.jp/

神樂板TRIBES

新宿區若宮町 10-7
☎03-3235-9966
營業時間／18：00～24：00　(LO23：00)
公休／星期天、國定假日
http://www.tribes.jp

「Sivas linga」
肉桂冰印度奶茶

「Sivas linga」使用阿薩姆的 DUST 來煮製印度奶茶。DUST 在茶葉的等級中，指的是粉末狀的茶葉。尼泊爾當地通常都使用這種茶葉來熬煮印度奶茶。

5

6

7

Sivas linga

世田谷區代澤2-45-9
飛田大廈1樓　☎03-3485-5754
營業時間／12：00～22：00
星期五、六～24：00 公休／星期一
http://sivaslinga.web.fc2.com/

急凍處理
讓印度奶茶的
味道變得
更清澈明晰。

松本絢太郎
櫻子

急速冷卻所保留下來的清澈味道

能夠均勻導熱的不鏽鋼杯，最適合用來把印度奶茶快速冷卻。如果使用玻璃杯，很容易在急凍過程中破掉，一定要小心。

材料（1杯份）

牛奶　120㎖　水　60㎖
茶葉　1茶匙
砂糖　適量
肉桂（完整）　適量
肉桂（粉）　1小勺

綜合香料
（丁香、小豆蔻、生薑、肉桂）　1小勺
蘭姆酒（黑蘭姆）　少許

★先在不鏽鋼杯裡裝好冰塊，
預先放至冷凍庫。
1.將60㎖的水倒入鍋中，放入一茶匙茶葉。
2.點火後，由中火轉大火，
直到稍微熬出茶湯的顏色。
3.將綜合香料和肉桂粉各放一小勺進去。
4.煮開後，加進符合喜好份量的砂糖。
稍甜一些會更好喝。
5.沸騰後加進牛奶，待再度沸騰後，
折段肉桂枝放進去，只要2片就夠香了。
6.沸騰後轉弱火，
倒進適量黑蘭姆酒，偶爾搖晃鍋子，
奶茶在接觸空氣後會轉化為內斂柔和的滋味。
7.隔著濾網把奶茶倒入
裝了冰塊的不鏽鋼杯裡，
注入時從較高處倒下，
好讓奶茶在杯子裡沖出泡沫。
8.稍加攪拌，最後撒上肉桂粉。

肉桂冰印度奶茶450日幣，飄散著濃郁的肉桂香甜，隱藏其中的蘭姆酒則使入口的滋味更具深度。配料十足的雞肉咖哩850日幣，能夠緩和咖哩嗆辣的味道，帶來爽口的餘韻。

「EASTisEAST」
瑪撒拉綠茶

「EASTisEAST」是使用 CTC 阿薩姆茶葉，萃取速度快、茶湯濃厚的 CTC 茶葉，最適合用來煮印度奶茶，恰到好處的澀味和牛奶相得益彰。

1

2

4

5

肉桂和小茴香的香料口味餅乾，配上抹茶的苦味，別出心裁的瑪撒拉綠茶套餐600日幣。適合一起享用的戚風蛋糕400日幣，口感無可挑剔。

香料經過熱炒，
香氣將會
更是撲鼻！

高橋宏美

材料（1杯份）

牛奶　50mℓ　熱水　250mℓ　茶葉　5～6g

苦甜巧克力　11～12g　肉桂（完整）　10g

小豆蔻　5顆　丁香　2顆

（奶泡）

牛奶　50mℓ　抹茶　1大平匙

★茶杯要先用熱水暖杯。

1.將250mℓ熱水放入鍋中，加入一撮肉桂（約10g）。
料理用的肉桂有很厚的樹皮，
稍微浸過水後，香氣才會更明顯。

2.小豆蔻和丁香放入研磨缽裡磨成細粉。
香料全加進鍋裡，開火加熱。
另外用一個小鍋溫熱100mℓ牛奶。

3.煮至香料的味道變得濃郁、水色也開始變深。
聞到濃香後加進茶葉，
煮到泡泡不再透明，呈現茶的顏色。

4.加進巧克力和50mℓ牛奶。用攪拌棒打出細泡，
轉中火邊搖晃鍋子加熱3分鐘。
另外50mℓ牛奶注入抹茶中，用來製作奶泡。

5.此時巧克力的香甜的味道已經四溢。
把暖杯用的熱水倒乾。鍋子轉大火，
瞬間強烈加熱可讓奶茶的香甜更明顯。

6.印度奶茶倒進茶杯中，接著再由上注入奶泡。
牛奶要從茶杯中央小心注入，
讓最後的泡沫在中間隆起，外觀也更漂亮。

有了巧克力的甜味就不需另外加砂糖了

用市面上一般的巧克力板也行，但盡可能選乳化劑較少、香氣較濃郁的商品。煮出來的奶茶飄散著香甜的味道，不必加糖也很好喝。

EAST is EAST

港區南青山5-9-6 SEINAN大樓2樓
☎03-5467-8309
營業時間／11：30～23：00（LO22：30）　星期六12：00～23：00　星期日、國定假日12：00～17：00（LO16：30）
公休／星期一、每月第三個星期天

越用就越愛不釋手 用一套喜愛的茶具 打造幸福的 品茶時光

為自己的生活
準備一套熟悉的茶具，
品味紅茶的時光將更具樂趣。
現在就來問問
茶具專家們選用茶具的訣竅。

» 01 Afternoon tea living
» 02 klala
» 03 Junitsuki

01«

Afternoon tea living

銀座阪急Mosaic

挑選能顯出茶湯漂亮的顏色 最好是內面白色或玻璃製的茶具

平常都有在喝紅茶的店長小椋小姐，她本人喜歡在休假時用牛奶來煮紅茶，享受一杯濃醇美味的印度奶茶。「紅茶能溫暖身體，所以大多都是在早上喝。」

從每天用的杯子 到特別日子才用的茶具

Afternoon tea針對紅茶，長年來不斷提供各種消遣時光的方式。除了廣受歡迎的招牌商品外，每次到Afternoon tea，最開心的是能見識到許多新東西。這次，我們特別前往銀座阪急Mosaic分店，請專家告訴我們選擇紅茶茶具的方法。

小椋店長表示：「想選紅茶用的茶杯時，建議大家首先考慮能夠漂亮地顯現出紅茶茶色的款式。像是內面白色或耐熱玻璃製品都不錯。」「另外，杯盤組的杯子、馬克杯等，重點在於握把的形狀各有不同，一定要好好地確認合不合手、好不好握再決定購買。」

茶杯和杯盤的組合，視要做為贈人的禮物還是要收集自用，依不同的用途可以挑選設計風格相仿，也可以選擇不成套的亂數另做搭配。

「比起同款設計的成套茶具，不妨多考慮各種在部份條件上相仿的款式，像是陶器、磁器等素材上的相同，或是統一顏色等，一樣會很有整體感。當自己要享受時，看心情使用今天最順眼的杯子，招待客人或全家一起茶聚時，也能讓桌面顯得更加華麗熱鬧。」

1）商品中甚至有附濾茶器的馬克杯，使用起來極為方便，在辦公室也派得上用場。2）這裡有許多品味高尚的茶具組，很多人都來挑選送人用的禮物。3）Afternoon tea的原創紅茶，調味薰香茶的選擇也很豐富。

橄欖圖案茶具組

每年都會推陳出新的Memorial Leaf系列，今年是10周年紀念，推出了橄欖的圖案，Memorial的年份編號會在背面註記。茶壺3,675日幣、杯盤組1,680日幣、牛奶壺1,260日幣、糖罐1,470日幣、餅乾碗1,365日幣。

耐熱玻璃 茶壺&杯盤組

玻璃製的茶壺和茶杯，也能放進微波爐使用。茶壺3,990日幣、馬克杯1,050日幣、杯盤組1,890日幣。

沙麗馬克杯

以印度的沙麗為主題的馬克杯，優雅而具品味的設計，讓人想用來招待客人。3,150日幣。（銀座阪急Mosaic店限定品）

PICK UP!

小椋店長

喜歡的茶具與紅茶

小椋店長似乎非常喜歡用圓滾滾的咖啡歐蕾碗來喝奶茶。Afternoon tea的「印度奶茶」和「焦糖卡士達」又濃又香的味道，讓人一喝就會上癮。（咖啡歐蕾碗為參考商品）

收集家 小碎花風格杯盤組

由黑色的花草圖案呈現出成熟風格的杯盤組。彷若花邊般的剪影，以及杯緣鍍上的白金線條，相當美麗。NT$690元。

玻璃碗

陶製的碗、缽也不錯，但玻璃製品更有幾分清涼感，令人看了就舒服。邊緣的鍍金讓質感看起來更高貴。1,050日幣。

奶油色小碗（耐熱質材）

想放餅乾和糖果等小點心時，準備一個小碗將會方便許多，柔和的色調也很適於擺放在餐桌上。525日幣。

Afternoon tea living
銀座阪急 Mosaic

東京都中央區銀座5-2-1
Mosaic銀座阪急店2樓
☎03-3575-2075　營業時間／10：30～21：30　公休／無
http://.www.afternoon-tea.net

琺瑯茶壺

琺瑯製的可愛茶壺，能直接放到火上加熱，不管要煮熱水或拿來當茶壺用都可以。4,725日幣。

收集家花香設計骨瓷杯盤

以盛放的花朵和被花香吸引而來的蝴蝶為主題，骨瓷細膩的白色，使杯緣的金線格外優雅。NT$960元。

收集家點點設計杯盤組

外側畫的是粉紅色圓點，內面則以金色圓點排列出起伏的線條。可愛又高尚的設計，從上面俯看，就像花朵一般。NT$860元。

從正統派風格到休閒的組合

杯盤組（Premier Amour）

描繪了優雅的花朵、果實，並以金色圓點做為點綴的高雅杯盤組。內面杯緣處也精心設計了金色飾線。2,625日幣。

木製沙漏（3 分鐘）

說到沙漏就會想到這個形狀，沒有喝茶時，用來當作一般擺飾也很好看。1260日幣。

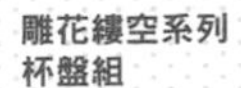

雕花縷空系列杯盤組

精緻的雕花縷空設計，不論自用或友人來訪，都能呈現出優雅高貴的氣氛，同時也是送禮的好選擇。NT$560元。

玻璃製沙漏（5 分鐘）

想要完成一杯好喝的紅茶，除了要有好的茶葉，還要掌握沖煮的時間才行。所以這個玻璃沙漏也是不可欠缺的必要用品。630日幣。

咖啡歐蕾用茶壺與茶碗

Afternoon tea的茶具歷史是從咖啡歐蕾碗開始寫下，各形各色的茶碗，魅力無窮。咖啡歐蕾碗2,100日幣。（茶壺為參考商品）

自網路商店發跡以來，於2010年開設實體店鋪。小小的店面採用實木裝潢，溫暖的氣氛令人身心放鬆。店面由老闆瀧澤夫妻輪流看顧。

從北歐的餐具或雜貨、國外的古董，到近期的創作家商品，商品陣容不勝枚舉的精品店。每二個月還會舉辦一次麵包或糖果餅乾的小市集。

02«

klala

讓人想長年使用下去的北歐洗練設計

想挑選品味別緻的茶具就到這裡來

讓人按耐不住的漂亮色彩，加上簡單中深具設計感的外觀，北歐的餐具雖是來自歐洲，卻充滿了刺激東方人感性的要素。klala以北歐的器皿為中心，搭配年輕創作家設計的新作品，或是以傳統工藝為基礎的新型商品等，展售許多既時髦又新穎的餐具用品。原本klala以網路商店的形態起步，在腳踏實地的努力下，現在終於在三軒茶屋區開設了實體店面。

瀧澤先生認真地說：「有些古董商品，希望客人能直接拿在手裡感受，還有一些創作家的作品，店裡擺的都是沒有網路資料可循的優質商品。」除了茶具之外，還有茶會上使用的小雜貨、盤皿等，質感都很出眾，經常被選為致贈親朋好友的禮物。店裡的商品都是老闆夫婦親自選購採買，所以必須輪流看店，分工合作地處理業務。

店裡還有販售外包裝非常漂亮的「Clipper」茶葉。瀧澤太太如數家珍地介紹說：「這個外包裝非常可愛吧！味道也是一等一，加上是茶包，輕輕鬆鬆就能喝到一杯好茶。」不含咖啡因的紅茶，連孕婦等特殊體質的人都能安心享用。瀧澤太太自己也是個紅茶愛好者，稍事休息的時候，總是要來上一杯溫熱的奶茶。在繁忙事務的閒暇裡，也會拿出自己特別的喜歡的茶具和茶葉，緩和一下疲勞的身心。

怎麼看都看不膩的樣式
最適合每天的喝茶時光

杯盤組
（Jens H. Quistgaard）

Jens H. Quistgaard所設計的LEAF系列杯盤組。由葉片層層疊出的花樣和漸層的色彩，展現出與眾不同的美感。4,200日幣。

茶壺（SOHOLM）

SOHOLM的系列作，這是適合多人派對用的大容量茶壺。充滿重量感的質地，能讓紅茶不會太快冷掉。14,700日幣。

杯盤組
（ARABIA SNOWFLAKE）

由芬蘭的ARABIA公司製造的古董杯盤組。設計採取灰底錯落著雪花圖案的冬季主題，連內面都描繪了可愛的雪花。5,800日幣。

茶杯及
大杯盤組

描繪著玫瑰圖樣的正統派紅茶杯盤組，金色的邊線呈現出絕美的高貴質感。這是來自英國的古董茶具，製造商不明。2,200日幣。

濾茶器（金網）

日本京都的傳統工藝老字號「金網」所出品的濾茶器。國外設計的茶壺大多都沒有濾網設計，有這樣一把可愛的濾茶器就妙用無窮了。

湯匙
（sara petelic）

水牛角製成的茶匙與湯匙，具有潤澤的特殊光澤。每一把各有相異處的設計，讓人光是擁有就開心不已。

PICK UP!

瀧澤店長
喜歡的茶具與紅茶

JONAS LINDHOLM和Yumiko IIHOSHI的杯子，簡單的線條讓人特別喜歡。底下的杯墊有時會用質感溫暖的亞麻，有時也會配上不鏽鋼。喜歡的紅茶是SHOZO CAFE或Mariage Frères的產品。店裡賣的Clipper也很值得推薦。

klala

東京都世田谷區太子堂5-13-1-1樓
☎03-5787-6927
營業時間／11：00～19：00
公休／星期二
http://www.klala.net/

糖罐
（Jens H. Quistgaard）

LEAF系列中的砂糖罐。裡面放進可愛的方糖，讓人在打開時不由得驚嘆出聲，增加茶會中的話題。不管是喝紅茶或咖非都派得上用場。6,090日幣。

咖啡歐蕾碗、馬克杯、牛奶壺
（JONAS LINDHOLM）

出自瑞典設計師JONAS LINDHOLM的作品，看似琺瑯的外觀，既牢靠又輕薄，甚至也可以微波。

杯盤組
（FIGGJO MARKET）

FIGGJO MARKET系列杯盤組，復古的色彩充滿古董風情。此系列的特色，是以細筆描繪出熱鬧的市場景象。4,800日幣。

淺盤
（FIGGJO MARKET）

MARKET系列的淺盤，可以用來放糕點或餅乾，隨著越吃越少，盤底的可愛圖案也會漸漸顯露出來，添增不少樂趣。3,500日幣。

牛奶壺和湯匙
（ARABIA）

ARABIA公司出品的古董牛奶壺，顏色和外形都極為簡單，最適合配上個性派的茶杯。4,000日幣。

茶杯和不鏽鋼杯盤
（Yumiko IIHOSHI）

由Yumiko IIHOSHI出品的unjour系列apres midi茶杯和不鏽鋼杯盤，其中茶杯是專為午茶而設計。杯子3150日幣，杯盤（小）1260日幣。

三件式杯盤組
（NISSEN）

茶杯、杯盤和餐盤的三件式組合，出自CORDIAK系列的心型設計，為每個人帶來溫暖的紅茶時光。7,560日幣。

三件式杯盤組
（SOHLM）

藍色與棕色的色調，既優美又具存在感，這是丹麥SOHLM出品的茶杯、杯盤和餐盤組合。7,350日幣。

以「充滿怦然心動的生活」為目標，過著以創作為主的生活。在旅行的去處找到的東西或在古董市場發現的小玩意等，富山小姐的興趣，就是收集這種能讓生活樂趣無限延伸的物品。

店面位於遠離車站的山區，去之前最好先確認過地圖、網站等資訊。每年會舉辦約六次特別主題的展覽。

03« 十二月

既隨興又多樣 商品陣容 不受風格類型拘束

賞玩杯盤之間的組合搭配

沿著民居和森林旁的坡道往上走，十二月的店面就位在一個令人忍不住懷疑「真的會在這種地方嗎？」的地區，靜靜地等待客人的光臨。

打開小小房舍的拉門，讓人立刻陷入一股錯覺中，彷彿這些由創作家們精心塑造、賦予生命，又歷經漫長旅行的器皿們，正不約而同地等待未來主人的到來。想要找一套別處少見，僅屬於自己的茶具，並且一起共度未來晨昏紅茶時光的人，請一定要來此走走。

由小屋一角改裝成的店面，擺滿了各式各樣的東西，古樸而充滿意趣的茶杯、古董禮服、舊書等，連時光都像是想稍做休息般，此處的光陰似乎流動得特別緩慢。一手打造出這獨特氣氛的人，正是十二月的老闆富山小姐。

富山小姐認為紅茶比咖啡或其他任何飲品都更具女性特質，因此將這裡打造得寧靜而放鬆，陳設展售許多能營造出高雅氣息的器皿。

就算只是湯碗或小盅，只要搭配一個適當的碟子，馬上就成了別緻出眾的杯盤組。小酒壺等容器，也很適合用來品味一杯杯香氣逼人的紅茶。只要外觀合乎心意，用得順手，任何器具都可以用來品嚐紅茶。

不要以器具的外形來決定用途，不妨用帶著一點玩心的茶具和自己喜歡的茶，一同享受日常品茶的閒情逸致。

抹茶碗

手掌包握住茶碗時，溫暖的質感和淺褐色的外觀，令人忍不住喜歡上它，不分日式、西式場合都可使用。3,675日幣，岩田圭介作。

花形盅與不鏽鋼杯盤

磁器茶碗配上不鏽鋼杯盤，以不同質材搭配而成的另類組合。茶杯3,300日幣，永塚夕貴作。杯盤為成田理俊作。

杯盤組

帶著淡淡色調的青磁，配上白磁彷彿粉彩般的淺色底，渲染出濃淡有致的色彩。簡單的造型，使用起來相當順手。2,000日幣，安齋新、溫子作。

小酒壺與花型杯盤

中國清朝的小酒壺，搭配上呈花型的杯盤，最適合用來小口啜飲調味薰香茶。杯盤為永塚夕貴作。

茶壺

小鳥翅膀般的握把，加上狗鼻子似的注水口，據說總是讓年輕女孩子一見鍾情。上面的入水口設計得較大，清洗起來十分方便。12,600日幣，太宰久美子作。

茶壺

上了釉彩的茶壺，隨著使用就會展現不同的風情。圓潤的外形，在沖煮紅茶時能更容易形成熱水的對流，讓茶葉能泡得更好喝。10,500日幣，

杯盤組

瑞典製的古董茶杯。北歐的咖啡杯通常較小，紅茶杯則大多容量較大，讓人能一口氣喝得滿足。2,800日幣。

PICK UP!

富山店長

喜歡的茶具與紅茶

平常把一個觸感柔細的湯碗（太宰久美子作）當成茶杯來用。圓型的茶壺（小山乃文彥作）雖然缺了個角，但還是很小心地使用。「喜歡的是Mariage Frères的紅茶，最近尤其喜歡加進一些玫瑰糖漿，調過味後才喝。」

十二月（Junitsuki）

神奈川縣橫濱市青葉區鐵町1265
☎045-350-6916
營業時間／11：00～17：00
公休／星期一～三
http://www.12tuki.com/index

單口小盅

相當有存在感的小盅。雖然可做為茶壺，但茶葉會很容易倒出來，不妨做為回沖用的倒水器具。4,200日幣，鶴見宗次作。

茶杯與杯墊

適合喝冰紅茶的杯子，緞帶圖案別具幾分可愛風情。配上質地柔軟的手織杯墊（1,470日幣，松下香葉子作）剛好。

茶罐

附有大小剛好的木製蓋子，讓罐口能緊密得蓋好。洗練自然的外形，平時放在桌上也絲毫不顯得刻意。富山孝一作。

個性派茶杯教人鍾情 用創作家製作的茶具品飲紅茶

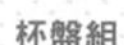

杯盤組

據說是在古物鋪發現的義大利製茶杯，手繪的花朵呈現出可愛樸拙的筆觸，洋溢著手工帶來的溫暖氣質。1,200日幣。

茶壺

上了一層厚重釉彩，彷彿粉妝層層疊疊的茶壺。這是能形成壺內對流的大容量茶壺，可以用於多人數的茶聚，茶壺蓋子也極具特色。7,350日幣，廣川繪麻作。

琺瑯茶杯

一個個出自創作家手工製作，刻意營造出古樸感的琺瑯茶杯。除了傳遞出手工的溫暖氣息，茶具本身不易染上香氣跟顏色，是這種質材的特徵之一。海野毅作。

酒杯

外側以轉印方式印了許多不同圖案的高腳酒杯，圖案間的搭配非常有意思，妝點得極具品味。4,400日幣，比留間郁美作。

砂糖罐

像蘋果般的容器，其實是砂糖罐。這是「青蛙食堂」的老闆為自己店裡特製的用具，使用上的順手度自然不在話下。1,575日幣，松本朱希子作。

邂逅美好的一杯

台北喫茶精選

在繁忙的生活之中，偶爾會想在外品飲美味紅茶來度過。在此嚴選出台北的紅茶店家，提供各位一個想在外喝茶時的好選擇。

01

享受正統
英式下午茶

古典玫瑰園

將最優質的茶品與瓷器與最好的朋友分享

全球50間不同風格的古典玫瑰園店面之中，位於台北天母誠品的文創旗艦店，以藝術風格為主題，店內裝潢使用大量的紅色，搭配上牆壁和桌面的白，形成紅白相間的華美視覺饗宴。同時，為了追求的品質與氣氛，店內的

帶有高雅清香的皇家茉莉茶，請搭配能品嚐到正統英式風格的威廉王子下午茶套餐一同享用。

桌椅全部特別訂製，再擺飾上古典玫瑰園董事長黃騰輝的畫作，呈現出一種高貴優雅的氛圍。

古典玫瑰園董事長黃騰輝在大學時代閱讀了聖修伯里的《小王子》後，希望能為玫瑰做些事情，因此他以玫瑰為主題，於1990年開設了古典玫瑰園台中創始店，規劃出一個專屬於英式下午茶的空間。

黃騰輝認為一份英式下午茶必須具備好茶和好茶具，店內茶款種類相當豐富，並且選用最高等級茶葉。其中特調茶款部份由英國製茶大師 Timothy Clifton 以及 Chris Parlcer 擔任顧問進行調配。而茶具部份則選用英國皇家御用品牌 Aynsley，其骨瓷含量高達47.5%，兼具實用性與藝術性。

從茶品、茶具到擺盤都極度講究的古典玫瑰園，希望提供最優質的正統英式下午茶，並藉由規劃不同風格店面，讓人在品茶時能享受到不同的氛圍，得以度過一個最美好的品茶時光。

1

2

3

4

1.紅白相間的設計，搭配上黃騰輝的玫瑰畫作，營造出典雅的氛圍。2.店內販售有Aynsley的瓷器，黃騰輝也是Aynsley的畫師之一。3.古典玫瑰園每桌都會裝飾浮水玫瑰。4.古典玫瑰園文創旗艦店前裝飾有黃騰輝的藝術活動海報。

1 皇家茉莉茶

由頂級綠茶和新鮮完整茉莉花調配而成，順口而清香，其美味獲得英國的皇家美味鑑賞獎的肯定。

2 DRAKES大吉嶺最高等級初摘茶

精選印度海拔三千公尺高山上的頂級初摘茶，品飲時帶有淡雅麝香葡萄香，可說是紅茶中的極品。

3 玫瑰多酚茶

由粉紅玫瑰、紅玫瑰、黃玫瑰和芙蓉花調製成，品飲時撲鼻的濃郁香氣以及酸甜口感值得推薦！

Shop Data

古典玫瑰園
天母誠品文創旗艦店
台北市士林區
忠誠路二段188號2樓
☎（02）2833-8464、
（02）2874-2776
營業／11：00～22：00

2

開放自由的品茶形式

摩賽卡法式茶館

1 歌劇院

由紅茶、香草、柑橘和茉莉花調製而成，飲用後芳香的餘味會留於口中久久不散。

2 西藏的秘密

使用日本煎茶、滇綠、十餘種西藏傳統香料及花朵調配，形成一種絕佳的特殊風味。

3 維生納坎德

為錫蘭紅茶中的最高等級茶葉，香氣芳醇，口感細緻柔滑，帶有柔和的麝香葡萄香味。

享用美味手工茶點 讓喝茶變得更為享受

走進沉靜優雅的摩賽卡法式茶館，能在此享受到風格自由開放的法式茶品。店長林玲容說：「過去接觸到法國的茶館，發現法國雖不產茶，但喝茶觀念卻更為自由開放。」她為了推展此種風氣，便開設了這間茶館。

店內茶類種類繁多，從產地紅茶、法式薰香茶到中國武夷岩茶等都有。挑選茶類時，會挑選優良茶園、等級高且適合台灣人口味的茶葉，希望呈現最特別的茶給大家。茶點也全都是店內手工製作，英式司康更是讓許多人慕名而來。林玲容表示，希望塑造一個自由、舒適的喝茶空間，讓大家可以放鬆心情來喝茶。

1.店內的推薦特調茶款歌劇院，請配上手工製的英式司康和果醬一同細細品嚐。**2.**店內陳列著各式茶葉和手工製果醬等品項，讓人能將美味帶回家。**3.**摩賽卡法式茶館位於距離熱鬧的師大夜市稍微有段距離的寧靜麗水街一角。**4.**優雅的空間中，有一個特殊的獨立單人空間。

Shop Data

Maussac摩賽卡法式茶館
台北市大安區麗水街24號
☎ (02) 2391-7331、(02) 2391-7748
營業／11:30～22:00

3

知識的秘密基地

莎慕瓦典藏茶館

品飲世界各地茶款 知性的舒適空間

位於台灣大學附近充滿人文氣息的小巷弄內，於2010年重新開幕的莎慕瓦典藏茶館便設立於此。店內茶品種類齊全，從產地紅茶、調味薰香茶到果粒茶等，共收藏了一百種以上世界各地的茶葉，同時對咖啡的品質也相當要求。店員會依客人的口味來推薦茶類，希望給予人專業感，讓人能找到並品嚐到想喝的飲品。

店內空間整體沉穩，讓人能輕鬆在此喝茶，此外有三隻可愛的店貓會前來撒嬌，給人一種溫馨之感。店長李宗澄表示，希望能打造一個輕鬆、舒適的空間，做為年輕人知識的秘密基地，供人閱讀、討論和講談各式話題，形成一種社群網絡空間，呈現沙龍的精神。

推薦茶款

1 有機雲南野摘高山黃金紅茶

店長李宗澄個人非常喜愛的一款滇紅，品飲時可感受到其高雅的香氣與細膩滋味。

2 日本玄米煎抹茶

將日式玄米茶、煎茶和抹茶三種不同滋味融合在一起的茶款，纖細的口感值得推薦。

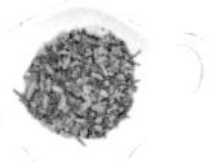

3 蓮花球茶開花綠茶

帶有淡淡清香，在喝茶的同時，還能欣賞到球花逐漸展開的視覺享受。

Shop Data

SAMVAR莎慕瓦典藏茶館
台北市新生南路3段76巷5之1號
☎（02）8369-5072
營業／13：00～22：00、星期六13：00～23：00
http://www.wretch.cc/blog/samovar

1.店內輕鬆沉穩的氛圍，塑造出沙龍的精神。**2.**沖煮俄羅斯紅茶的「SAMOVAR俄羅斯茶炊」，店名便是取自於這款煮茶機器。**3.**招牌俄羅斯皇家紅茶，可自由搭配果醬、利口酒與牛奶，滋味令人欲罷不能。

趣味教科書

紅茶知識大全

The Basics of Tea

樂活文化編輯部◎編

董 事 長　根本健
總 經 理　陳又新

原著書名　紅茶の基礎知識
原出版社　枻出版社 EI Publishing Co., Ltd.
譯　　者　高橋
企劃編輯　道村友晴
日文編輯　黃怡珮
編輯助理　楊譽豪
美術編輯　李秀玲

發 行 部　王淑媚
財 務 部　黃清泰
發行·出版　樂活文化事業股份有限公司
地　　址　台北市106大安區延吉街233巷3號6樓
電　　話　(02)2325-5343
傳　　真　(02)2701-4807
訂閱電話　(02)2705-9156
劃撥帳號　50031708
戶　　名　樂活文化事業股份有限公司
台灣總經銷　大和圖書有限公司
電　　話　(02)8990-2588
印　　刷　科樂印刷事業股份有限公司

售　　價　新台幣320元
版　　次　2011年11月初版

ISBN　978-986-6252-24-2
Printed in Taiwan